Lars Kövari

Konzeption und Realisierung eines neuen Systems zur produktbegleitenden virtuellen Inbetriebnahme komplexer Förderanlagen

Konzeption und Realisierung eines neuen Systems zur produktbegleitenden virtuellen Inbetriebnahme komplexer Förderanlagen

Schriftenreihe des

Instituts für Angewandte Informatik / Automatisierungstechnik

am Karlsruher Institut für Technologie

Band 35

Konzeption und Realisierung eines neuen Systems zur produktbegleitenden virtuellen Inbetriebnahme komplexer Förderanlagen

von
Lars Kövari

Dissertation, Karlsruher Institut für Technologie
Fakultät für Maschinenbau
Tag der mündlichen Prüfung: 21. Dezember 2010
Hauptreferent: Prof. Dr.-Ing. habil. Georg Bretthauer
Korreferent: Prof. Dr.-Ing. Kai Furmans

Markenrechtlicher Hinweis

Impressum

Karlsruher Institut für Technologie (KIT)
KIT Scientific Publishing
Straße am Forum 2
D-76131 Karlsruhe
www.ksp.kit.edu

KIT – Universität des Landes Baden-Württemberg und nationales
Forschungszentrum in der Helmholtz-Gemeinschaft

KIT Scientific Publishing 2011
Print on Demand

ISSN: 1614-5267
ISBN: 978-3-86644-624-3

Konzeption und Realisierung eines neuen Systems zur produktbegleitenden virtuellen Inbetriebnahme komplexer Förderanlagen

Zur Erlangung des akademischen Grades

Doktor der Ingenieurwissenschaften

von der Fakultät für Maschinenbau
des Karlsruher Instituts für Technologie (KIT)
genehmigte

Dissertation

von

Dipl.-Ing. Lars Kövari

Tag der mündlichen Prüfung:	21. Dezember 2010
Hauptreferent:	Prof. Dr.-Ing. habil. Georg Bretthauer
Korreferent:	Prof. Dr.-Ing. Kai Furmans

Vorwort

Die vorliegende Dissertation entstand während meiner Tätigkeit im Fachkreis Applikationssoftware der SEW–EURODRIVE GmbH & Co KG in Bruchsal.

Mein besonderer Dank gilt Herrn Professor Georg Bretthauer, dem Leiter des Instituts für Angewandte Informatik/Automatisierungstechnik des Karlsruher Instituts für Technologie (KIT), für die Übernahme des Hauptreferats und die kritische Durchsicht der Arbeit. Er hat mir die Erstellung der Arbeit ermöglicht und mich jederzeit bei der Umsetzung unterstützt. Für die Übernahme des Korreferats möchte ich Herrn Professor Kai Furmans vom Institut für Fördertechnik und Logistiksysteme des Karlsruher Instituts für Technologie herzlich danken.

Herzlicher Dank gilt darüber hinaus Herrn Manuel Escuriola Ettingshausen sowie meinen Kollegen des Fachkreises Applikationssoftware für zahlreiche interessante Diskussionen, wertvolle Hinweise und die kreative Arbeitsatmosphäre. Besonders erwähnen möchte ich hier Herrn Jens Kesselring, Herrn Michael Ehlers und Herrn Matthias Baumgärtner.

Schließlich danke ich meiner Familie und meiner Freundin Martina, ohne deren Zuspruch und Unterstützung dies alles nicht möglich gewesen wäre.

Karlsruhe, im Dezember 2010   Lars Kövari

Inhaltsverzeichnis

Abbildungsverzeichnis

Tabellenverzeichnis

Abkürzungsverzeichnis

3D	dreidimensional
API	Application Programming Interface
BC	Barcode
BEM	Boundary Element Method
BEO	Bewegtes Objekt
CAD	Computer Aided Design
CIM	Computer Integrated Manufacturing
CPU	Central Processing Unit
DF	Digitale Fabrik
E/A	Eingang/Ausgang
EHB	Elektrohängebahn
EMS	Electrical Monorail System
FEM	Finite-Elemente-Methode
FTF	Fahrerloses Transportfahrzeug
FTS	Fahrerloses Transportsystem
GPSS	General Purpose Simulation System

GS	Gerätesoftware
GU	Generalunternehmer
GUI	Graphical User Interface
HIL	Hardware-in-the-loop
HMI	Human Machine Interface
IT	Informationstechnik
LAN	Local Area Network
MKS	Mehrkörpersystem
OpenGL	Open Graphics Library
PC	Personal Computer
PPS	Produktionsplanungssystem
RFID	Radio Frequency Identification
SC	Segmentcontroller
SDK	Software Development Kit
SOP	Start of Production
SPS	Speicherprogrammierbare Steuerung
TCP	Transmission Control Protocol
UDP	User Datagram Protocol
VDI	Verein Deutscher Ingenieure e.V.
VIBN	Virtuelle Inbetriebnahme
vSOP	virtual Start of Production

WLAN   Wireless Local Area Network

XML   Extensible Markup Language

1. Einleitung

1.1. Bedeutung der Arbeit

Die *Digitale Fabrik* hat ihren Siegeszug in diversen Branchen angetreten. Es stehen Softwaretools zur Verfügung, welche die Planung und Entwicklung auch komplexer Anlagen im Bereich Produktion und Logistik unterstützen. Noch in der Planungsphase kann ein digitales Modell erstellt werden, mit dem je nach Zielsetzung z. B. eine Layoutplanung verifiziert oder Engpässe im innerbetrieblichen Materialfluss aufgedeckt werden können [64, 98].

Für die Planungs- und Anlaufphase haben digitale Modelle eine besondere Bedeutung, da die reale Anlage erst nach der mechanischen und elektrotechnischen Installation zur Verfügung steht und im Vorfeld verwendete Versuchsanlagen nur in Ausnahmefällen ein hinreichend genaues Abbild der gesamten Förderanlage darstellen. Insbesondere die während der steuerungstechnischen Inbetriebnahme auftretenden Probleme führen zu Zeitverzug, erhöhten Kosten und suboptimalen Softwarelösungen [28, 66, 141].

Eine Methode zur Beseitigung dieser Probleme ist die virtuelle Inbetriebnahme. Sie erlaubt die Vorwegnahme der Steuerungsinbetriebnahme an einem virtuellen Modell, so dass zahlreiche Fehler in der Steuerungssoftware bereits vorab erkannt und beseitigt werden können [171].

In dieser Arbeit wird am Beispiel von Elektrohängebahnen und fahrerlosen Transportsystemen die virtuelle Inbetriebnahme von komplexen Förderanlagen betrachtet. Dabei steht die Verwendung von Simulationsmodellen mit hohem Detaillierungsgrad im Vergleich zu klassischen Materialflusssimulationen im Vordergrund. Das Anlagenverhalten wird dabei bis auf die Sensor-Aktor-Ebene abgebildet.

Im Unterschied zu bisherigen Arbeiten wird hier die virtuelle Inbetriebnahme in einem produktbegleitenden Kontext betrachtet. Die Unterstützung des Inbetriebnahmeprozesses durch geeignete Simulationswerkzeuge ist dabei neben der klassischen Projektabwicklung eine zusätzliche Leistung, die zum Zweck der Qualitätssicherung und der Beschleunigung der realen Inbetriebnahme zur Verfügung steht.

1.2. Darstellung des Entwicklungsstandes

Im Folgenden wird das Themengebiet, in das sich diese Arbeit einordnet, näher erläutert und der derzeitige Entwicklungsstand dargelegt. Soweit erforderlich werden die verwendeten Begriffe definiert und erklärt.

1.2.1. Digitale Fabrik

Die vorliegende Arbeit ist thematisch in den Kontext der *Digitalen Fabrik* einzuordnen, die insbesondere von den Automobilherstellern konsequent umgesetzt wird [30, 43, 88]. Ansätze für eine Digitalisierung von Prozessen innerhalb der realen Fabrik gab es bereits in den 80er und 90er Jahren des vergangenen Jahrhunderts, u. a. im Kontext des *Computer Integrated Manufacturing* (CIM) [25, 69, 130, 134]. Obwohl das Konzept der Digitalen Fabrik viele Techniken umfasst, die bereits im CIM vertreten waren, ist es als eine Weiterentwicklung zu verstehen, welche neue technische und organisatorische Lösungen berücksichtigt [122].

Definition und Ziele

Innerhalb der VDI-Gesellschaft Fördertechnik Materialfluss Logistik hat ein Expertengremium eine Definition des Begriffes *Digitale Fabrik* erarbeitet und diese in der VDI-Richtlinie 4499 veröffentlicht [108]:

> „Die Digitale Fabrik ist der Oberbegriff für ein umfassendes Netzwerk von digitalen Modellen, Methoden und Werkzeugen [...], die durch ein durchgängiges Datenmanagement integriert werden.

Ihr Ziel ist die ganzheitliche Planung, Evaluierung und laufende Verbesserung aller wesentlichen Strukturen, Prozesse und Ressourcen der realen Fabrik in Verbindung mit dem Produkt."

Die Digitale Fabrik begleitet den gesamten Lebenszyklus eines Produktes sowie der dazu notwendigen Produktionssysteme. Mögliche Anwendungsgebiete sind in Abbildung 1.1 dargestellt. Bezogen auf die realen Prozesse im Unternehmen verfolgt die Digitale Fabrik folgende wesentliche Ziele [71]:

- Erhöhung der Wirtschaftlichkeit

- Bessere Planungsqualität

- Verkürzung der Produkteinführungszeit

- Transparente Kommunikation zwischen den Prozessbeteiligten

- Standardisierung von Planungsprozessen

- Kompetentes Wissensmanagement

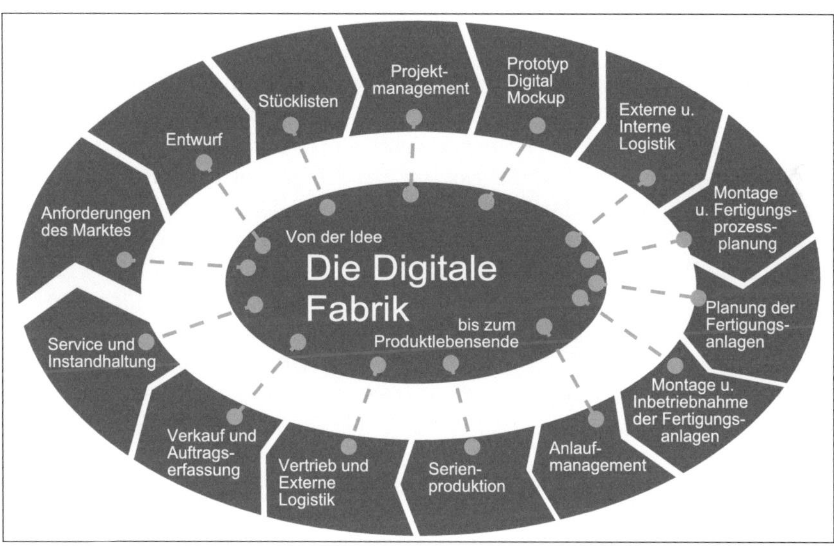

Abbildung 1.1.: Anwendungsgebiete der Digitalen Fabrik [109].

Digitale Modelle in der Digitalen Fabrik

Die Methoden und Instrumente der Digitalen Fabrik realisieren eine möglichst komplette digitale Bearbeitung von Produktentwicklung und Produktionsplanung bis hin zum virtuellen Anlauf und Betrieb [71]. Hilfsmittel hierzu sind digitale Modelle als Abbilder der realen Strukturen, Prozesse und Ressourcen in digitaler Form. In dieser Arbeit wird die Definition eines Modells nach VDI-Richtlinie 3633 [101] verwendet:

> „Ein Modell ist eine vereinfachte Nachbildung eines geplanten oder real existierenden Originalsystems mit seinen Prozessen in einem anderen begrifflichen oder gegenständlichen System. Es unterscheidet sich hinsichtlich der untersuchungsrelevanten Eigenschaften nur innerhalb eines vom Untersuchungsziel abhängigen Toleranzrahmen vom Vorbild."

Die im Rahmen der Digitalen Fabrik verwendeten Modelle sind sehr vielfältig. Aus Sicht der Modellbildung ist jedes Modell geprägt durch den Betrachtungsgegenstand, die verwendete Modelliermethode, die Aufgabenstellung und den Modellbildner [154].

Obwohl die verschiedenen Anwendungsfelder im Gebiet der Digitalen Fabrik auch digitale Modelle unterschiedlicher Ausprägung erfordern, ist die gemeinsame Datenbasis der Modelle der wesentliche Integrationsfaktor. Sie bildet die Grundlage für eine Parallelisierung der Arbeitsschritte, wie sie eine integrierte Produktentwicklung erfordert [33]. Methoden und Werkzeuge, die in verschiedenen Phasen der Produkt- oder Produktionsplanung sowie von unterschiedlichen Beteiligten (auch über Unternehmensgrenzen hinweg) verwendet werden, greifen dabei auf die Datenbasis zurück, um die jeweils für einen Untersuchungszweck benötigten Modellvarianten zu erstellen. Sofern am Modell Änderungen vorgenommen werden, fließen diese wieder in die Datenbasis ein. Aufgrund der Vernetzung der Modelle durch die gemeinsame Datenbasis können diese Änderungen dann an die verteilten Modelle zurück gemeldet werden und allen Beteiligten stehen somit aktuelle und konsistente Daten zur Verfügung. In der Realität besteht hier noch ein wesentlicher Entwicklungsbedarf, besonders bezüglich des Datenaustauschs zwischen Kunde und Lieferant sowie zwischen den unterschiedlichen Werkzeuganbietern [108]. Obwohl die erhältlichen Softwarewerkzeuge einzeln betrachtet als sehr weit entwickelt gelten, weisen sie noch erhebliches Verbesserungspotenzial hinsichtlich der Datenkompatibilität untereinander auf [63].

Simulation als Kerntechnologie der Digitalen Fabrik

Eine Kerntechnologie der Digitalen Fabrik, welche die zuvor genannten digitalen Modelle nutzt, ist die Simulation [71]. Nach VDI-Richtlinie 3633 für die Simulation von Logistik-, Materialfluss- und Produktionssystemen [101] ist Simulation

> „[...] das Nachbilden eines Systems mit seinen dynamischen Prozessen in einem experimentierfähigen Modell, um zu Erkenntnissen zu gelangen, die auf die Wirklichkeit übertragbar sind. Im weiteren Sinne wird unter Simulation das Vorbereiten, Durchführen und Auswerten gezielter Experimente mit einem Simulationsmodell verstanden."

In Abbildung 1.2 ist der allgemeine Ablauf einer Simulationsstudie stark vereinfacht dargestellt. Für ein Originalsystem, das einer Simulationsstudie unterzogen werden soll, wird ein Modell erstellt. Dieses Modell enthält die für den zu untersuchenden Sachverhalt relevanten Eigenschaften, oft in vereinfachter Form. Über Simulationsexperimente werden Erkenntnisse über das Modell gewonnen, die anschließend interpretiert und auf das Originalsystem übertragen werden. Eventuell ergeben sich dadurch Änderungen am Originalsystem, die wiederum eine Anpassung des Modells erfordern. In der Realität ist dieser Ablauf wesentlich komplexer und erfordert oftmals ein iteratives Vorgehen in den einzelnen Phasen (vgl. [156]).

Die Simulation wird in vielen Gebieten der Naturwissenschaft und Technik eingesetzt, jedoch werden in dieser Arbeit nur jene Ausprägungen vorgestellt, die im Konzept der Digitalen Fabrik breite Verwendung finden. Eine Klassifizierung der eingesetzten Simulationsverfahren ist nach unterschiedlichen Gesichtspunkten möglich (vgl. [24, 71, 104]). Hier erfolgt sie nach der eingesetzten Simulationstechnologie:

- **Diskrete ereignisorientierte Simulation**
  Die diskrete ereignisorientierte Simulation, die oft mit dem englischen

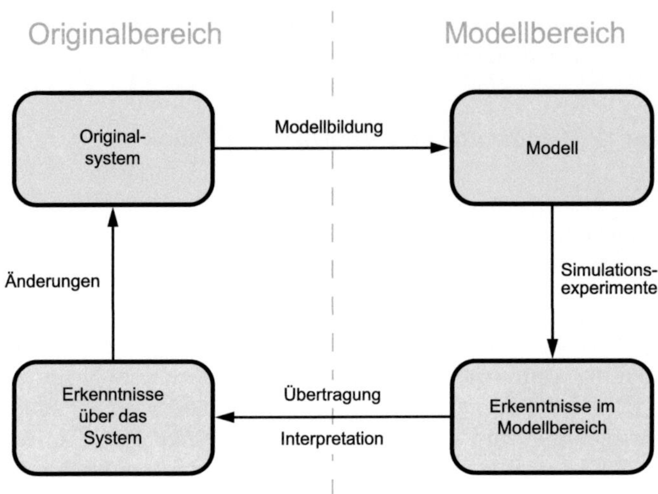

Abbildung 1.2.: Simulation als zyklischer Prozess (vereinfacht), vgl. [68, 83].

Begriff *Discrete-Event-Simulation* bezeichnet wird, ist dadurch gekennzeichnet, dass Zustandsänderungen des verwendeten Simulationsmodells nur zu bestimmten Zeitpunkten auf der Zeitachse auftreten können [76]. Sie findet bei Systemen Verwendung, deren Dynamik durch asynchrones Auftreten von zeitdiskreten Ereignissen bestimmt wird [60]. Charakteristisch ist die Verwendung von Ereignislisten, in denen zukünftige Systemereignisse vermerkt werden. Die Abarbeitung der Ereignisliste und der dazugehörigen Zustandsänderungen führt zur Abbildung der Dynamik des untersuchten Systems. Typisches Anwendungsfeld sind Materialflusssimulationen im Bereich der Fertigung und Logistik mit dem Ziel, Problembereiche zu erkennen und die Systemleistung bei unterschiedlichen Varianten zu bestimmen [7, 8, 36, 135]. Die ereignisorientierte Simulation wird auch dazu genutzt, geeignete Steuerstrategien für ein Materialflusssystem zu entwickeln, zu testen und zu optimieren [148].

- **Kinematiksimulation**
  Die Kinematiksimulation wird zur Darstellung und Analyse von Bewe-

gungsabläufen genutzt. Innere und äußere Kräfte im simulierten System werden nicht betrachtet. Ein geometrisches Modell beschreibt den statischen Aufbau eines Objektes, ein dazugehöriges Kinematikmodell die möglichen kinematischen Freiheitsgrade. Als Ersatzmodell für die realen Objekte ergeben sich oft kinematische Ketten, d. h. Abfolgen aus Gelenken und Starrkörpern. Sind Sollwerte für die einzelnen Freiheitsgrade (z. B. Gelenkrotationen) vorgegeben, so werden Methoden der *Vorwärtskinematik* (auch: *direkte Kinematik*) benutzt, um die Lage des Gesamtobjektes zu bestimmen. Im umgekehrten Fall, wenn aus der gewünschten Lage eines Gliedes der kinematischen Kette die dazu einzustellenden Gelenkkoordinaten gesucht sind, finden Methoden der *Rückwärtskinematik* (auch: *inverse Kinematik*) Anwendung [59]. Oftmals erfolgt parallel zur Simulation auch eine 3D-Visualisierung, welche die Bewegungen der simulierten Objekte veranschaulicht. Im Rahmen der Digitalen Fabrik findet die Kinematiksimulation vorwiegend bei der Planung und Optimierung von Roboterzellen Einsatz. Bewegungsprofile der Roboter lassen sich am Simulationsmodell erstellen und damit die benötigten Taktzeiten ermitteln. Kollisionstests werden ohne Gefahr von Beschädigungen am Rechner durchgeführt und aus den Bewegungsprofilen automatisch Programmcode für den realen Roboter erstellt [8, 110, 149, 152]. Weitere Einsatzgebiete sind die digitale Montageplanung sowie die personalorientierte Simulation [51, 103, 129, 154], welche die Untersuchung des Personals selbst, z. B. unter Berücksichtigung von Belastungs- und Beanspruchungsprofilen, im Fokus hat [126].

- **Dynamische Mehrkörpersimulation**
  Die dynamische Mehrkörpersimulation erweitert die Kinematiksimulation um die Berücksichtigung des dynamischen Verhaltens des untersuchten Systems. Ausgehend von einem definierten Anfangszustand ist die sich aufgrund eingeprägter Kräfte und Momente ergebende Bewegung der Systemkomponenten einschließlich des Schwingungsverhaltens gesucht [39, 49]. Das Mehrkörpersystem (MKS) wird dabei vereinfacht als Verbund von starren oder flexiblen Körpern betrachtet, die über Koppelelemente (z. B. Gelenke, Feder, Dämpfer) miteinander verbunden sind [20]. Die Bewegungsgleichungen des Systems werden in der Regel mit Hilfe mechanischer Prinzipien hergeleitet. Unter Verwendung von numerischen Lösungsverfahren dienen die Gleichungen in einer anschließenden Simulation als mathematische Modelle. Anwendung findet

die dynamische Mehrkörpersimulation bei der Analyse des Verhaltens komplexer, mechatronischer Systeme [71]. Bei Werkzeugmaschinen und Industrierobotern kann mit Hilfe der Mehrkörpersimulation die Maschinendynamik nachgebildet, und damit die Antriebsregelung am Simulationsmodell ausgelegt und optimiert werden [45, 55, 120]. Sind zusätzlich die während des Betriebs auftretenden Kräfte bekannt, so ist auf Basis des Mehrkörpermodells eine automatische Bahnkorrektur zur Steigerung der Positionsgenauigkeit möglich [1].

- **Prozesssimulation**
  Mit Prozesssimulation ist eine ganze Klasse von Simulationstechniken gemeint, welche die Nachbildung von Fertigungsverfahren in einer Computersimulation zum Ziel hat. Die Simulation bildet dabei den Prozess selbst ab, sowie die relevanten Teile der Fertigungseinrichtungen (z. B. Bearbeitungswerkzeuge) [104]. Um die am Prozess beteiligten Werkstoffe korrekt zu modellieren, müssen deren genaue Materialkennwerte bekannt sein. Wesentliche Ziele der Simulation sind ein besseres Verständnis des Prozessablaufes sowie dessen Optimierung bezüglich Kosten und Durchlaufzeiten. Fertigungstechnische Verfahren, die mit Hilfe der Prozesssimulation untersucht werden, sind unter anderem Zerspan-, Umform-, Füge- oder Urformprozesse [8, 44, 53, 113]. Zu den dabei oft verwendeten Techniken zählt die analytische Modellierung, bei der die Prozesse durch das Lösen der sie beschreibenden mathematischen Gleichungen abgebildet werden. Weitere ebenfalls eingesetzte Methoden sind die *Finite-Elemente-Methode* (FEM) und die *Randelementmethode* (BEM[1]) [104, 147].

Obwohl die einzelnen Simulationsverfahren getrennt erläutert wurden, ist in der Praxis eine zunehmende Kopplung dieser Verfahren zu beobachten, insbesondere der Kinematik-, Mehrkörper- und Prozesssimulation. Grund hierfür ist der geschlossene Regelkreis, der sich modellieren lässt, indem ein Simulationsverfahren jeweils Eingangsgrößen verarbeitet, die von einem anderen Simulationsverfahren erzeugt wurden. Bei der Werkzeugmaschinenentwicklung werden über die Prozesssimulation die auf dem Bearbeitungswerkzeug lastenden Kräfte ermittelt. Diese dienen in der dynamischen Mehrkörpersimulation neben den Antriebskräften- und momenten als weitere Eingangsgrößen,

---

[1] engl.: *Boundary Element Method*

so dass sich in Verbindung mit dem Reglermodell der Maschine der gesamte Regelkreis simulieren lässt [1, 14, 19, 21].

Anwendungsgrad der Digitalen Fabrik

Eine Vorreiterrolle bei der Umsetzung des Konzeptes der Digitalen Fabrik nehmen die Automobilhersteller ein. Obwohl auch in weiteren Branchen an der Umsetzung gearbeitet wird, sind diese als wichtige Schrittmacher anzusehen [17]. Bereits für das Jahr 2005 plante das Unternehmen DaimlerChrysler die vollständige digitale Absicherung der Produktion synchron zur digitalen Absicherung des Fahrzeugs [131]. Nach eigenen Angaben wurde im März 2007 das erste Serienfahrzeug der Welt auf den Markt gebracht, das auf Basis eines digitalen Prototypen konzipiert und entwickelt wurde [74]. Auch bei anderen Automobilherstellern ist die Entscheidung für die Digitale Fabrik bereits seit mehreren Jahren gefallen und wird konsequent umgesetzt [30, 43, 88]. Inzwischen nutzen Zulieferer der 1. Ebene (engl.: *Tier 1*) Werkzeuge und Methoden der Digitalen Fabrik [135]. Bei einem Anhalten der bisherigen Tendenz ist mit einer Ausweitung in die weiteren Ebenen der Zulieferkette zu rechnen [18].

Nach einer Studie sind die Kernmethoden der Digitalen Fabrik zum Großteil umgesetzt [63]. Hierzu zählen produkt- und fertigungsbezogene Methoden. Ein großer Handlungsbedarf besteht bei den unterstützenden Methoden, insbesondere bei der Datenintegration. Hier zielen aktuelle Bestrebungen auf die Entwicklung eines offenen Datenaustauschformates ab, um eine werkzeugneutrale Durchgängigkeit der Daten über Anwendungsdomänen und Unternehmensgrenzen hinweg zu erreichen [47, 77].

1.2.2. Betrachtete Typen von Förderanlagen

Die Fördertechnik ist eine Teildisziplin der Transporttechnik. Sie befasst sich mit Einrichtungen und Verfahren, die Ortsveränderungen von Personen und Gütern über begrenzte Entfernungen ermöglichen. Der Transport von Flüssigkeiten und Gasen wird im Allgemeinen nicht zur Fördertechnik gezählt. Neben dem reinen Fortbewegen von Lasten umfasst der Begriff *Fördertechnik* auch noch die Bereiche *Handhabungstechnik, Lagertechnik, Umschlagtechnik* und *Materialflusstechnik* [56, 123]. Eine grundlegende Einteilung der dabei genutzten Fördermaschinen erfolgt nach der Art des transportierten Fördergutes in Förderer für Stückgut (Paletten, Kisten o.ä.) und Förderer für Schüttgut (Sand, Kohle o.ä.). Bezüglich ihrer Hauptarbeitsbewegung ergibt sich, wie in Abbildung 1.3 dargestellt, eine Einteilung in Stetigförderer und Unstetigförderer. Die zur Gewinnung von Schüttgütern genutzten Gewinnungsmaschinen bilden die dritte Hauptgruppe [127]. Typisch für Stetigförderer ist ein kontinuierlicher Fördergutstrom, der durch eine dauernde Arbeitsbewegung erzeugt wird. Die Unstetigförderer weisen hingegen eine aussetzende Arbeitsbewegung auf und führen zu einem diskontinuierlichen Fördergutstrom. Ihre Klassifikation in sechs kinematische Strukturgruppen ist ebenfalls in Abbildung 1.3 dargestellt.

Mit Elektrohängebahnen und fahrerlosen Transportsystemen stehen in dieser Arbeit zwei Typen von Förderanlagen im Fokus, die im Vergleich zu einem einzelnen Förderer, wie beispielsweise einem Bandförderer oder einem Hubtisch, steuerungstechnisch wesentlich komplexer sind.

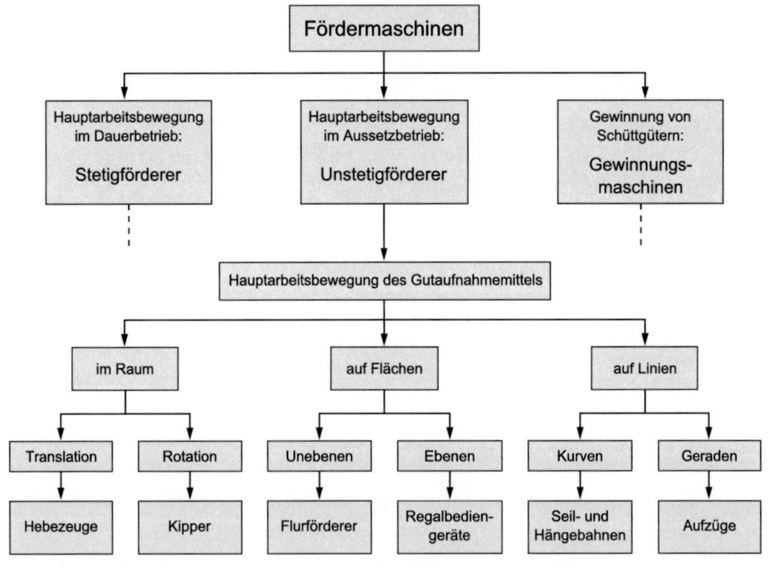

Abbildung 1.3.: Klassifikation der Fördermaschinen, insbesondere der Unstetigförderer nach Scheffler ([127]).

Elektrohängebahnen

Elektrohängebahnen (EHB) sind flurfreie Transportsysteme mit einzeln angetriebenen und gesteuerten Fahrzeugen, die sich entlang einer Fahrschiene bewegen. Diese ist im Deckenbereich montiert, so dass die Bodenfläche für eine andere Nutzung zur Verfügung steht. Elektrohängebahnen eignen sich zum Transport von Stückgütern aller Art in speziellen Lastaufnahmemitteln (Gehänge) [106]. Das ebenfalls mögliche Fördern von Schüttgut wird hier nicht betrachtet. An Lastübergabestationen werden die zu transportierenden Güter von zuführenden Förderanlagen aufgenommen oder an nachfolgende abgegeben. Unter Verwendung von Zwei- oder Dreifach-Schwenkweichen, Schiebeweichen oder Drehscheiben lässt sich ein verzweigtes Schienennetz herstellen, das je nach Bedarf Überhol-, Puffer- oder Sortierstrecken und eine beliebige Anzahl von Haltestellen aufweist [123]. Die transportierten Güter sind bei entsprechender Anlagengestaltung auch für manuelle oder automatisierte Arbeiten (z. B. Montagetätigkeiten, Mess- und Prüfverfahren) zugänglich. Ein EHB-Fahrzeug übernimmt damit neben dem Materialtransport auch die Aufgabe eines Werkstückträgers (vgl. [93]). Abbildung 1.4 zeigt schematisch eine Elektrohängebahnanlage mit zu- und abführenden Übergabestationen, Arbeitsstationen sowie Puffer- und Wartungsbereichen.

Ein einzelnes Fahrzeug einer EHB besteht aus einem bzw. bei größeren Lasten

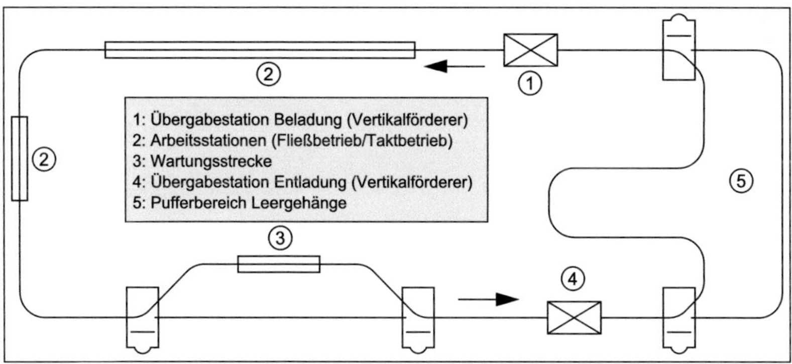

Abbildung 1.4.: Anlagenbeispiel einer Elektrohängebahn als schematische Draufsicht.

mehreren Laufwerken, wovon meist eines (das Fahrwerk) mit einem Antrieb verbunden ist (vgl. Abbildung 1.5). Die Fahr- und Laufwerke sind über eine oder mehrere Lasttraversen miteinander gekoppelt, an denen sich die Angriffspunkte des Lastaufnahmemittels befinden [106]. Angetrieben werden die Fahrzeuge durch Getriebemotoren unterschiedlicher Bauart, wobei meist ein Drehstrom-Asynchronmotor verwendet wird. Bei höheren Ansprüchen, wie z. B. variabler Fahrgeschwindigkeit oder genauer Positionierung, kommen Frequenzumrichter zum Einsatz [128]. Typische Fahrgeschwindigkeiten reichen bis zu 3 m/s [128], wobei die Antriebskraft in der Regel über ein Reibrad auf die Fahrschiene übertragen wird. Die Energieübertragung zum Fahrzeug erfolgt über Schleifleitungen, welche an den Schienen angebracht sind, oder berührungslos [65, 89, 107]. Bei der berührungslosen Übertragung wird entlang der Schienen eine Leiterschleife verlegt. Ein Übertragerkopf auf den Fahrzeugen greift die Energie induktiv über einen Luftspalt ab. Für kurze Verfahrwege ist die Verwendung von Schleppkabeln möglich.

In einem automatisierten Hängebahnsystem verfügt jedes EHB-Fahrzeug zu-

Abbildung 1.5.: Fahrzeuge einer Elektrohängebahn mit jeweils zwei Laufwerken, Gehänge und transportiertem Bauteil. Quelle: BMW

dem über eine Fahrzeugsteuerung[2], welche in einem separaten Gehäuse mitgeführt wird. Die Fahrzeugsteuerung verarbeitet die über eine Kommunikationsschnittstelle empfangenen Kommandos der Anlagensteuerung. Sie übernimmt die Ansteuerung des Antriebsmotors bzw. des mitgeführten Frequenzumrichters sowie eventuell weiterer vorhandener Antriebsachsen. Eine weitere Aufgabe der Fahrzeugsteuerung ist die Auswertung der am Fahrzeug angeschlossenen Gebersysteme (Auffahrinitiatoren, Transponderlesegeräte, Absolutwegmesssystem o.ä.). Zur Kommunikation zwischen Fahrzeugen und übergeordneten Systemen werden bei EHB-Systemen mit Schleifleitungen separate Steuerleitungen genutzt. Andere eingesetzte Techniken für die Informationsübertragung sind das Aufmodulieren der Daten auf die Energieübertragungsleitung sowie ein lokal begrenztes Funkfeld mittels eines parallel zur Fahrschiene verlegten Leckwellenleiters [75].

Fahrerlose Transportsysteme

Fahrerlose Transportsysteme (FTS) stellen die zweite Klasse der betrachteten Förderanlagen dar. In VDI-Richtlinie 2510 sind diese definiert als „innerbetriebliche, flurgebundene Fördersysteme mit automatisch gesteuerten Fahrzeugen, deren primäre Aufgabe der Materialtransport, nicht aber der Personentransport ist" [100]. Im Folgenden werden fahrerlose Transportsysteme kurz vorgestellt (vgl. [100, 128]).

Ein FTS entsteht durch einen koordinierten automatischen Betrieb mindestens eines fahrerlosen Transportfahrzeuges (FTF). Der Begriff *Transportfahrzeug* schließt dabei weitere Aufgaben neben dem reinen Transport nicht aus. Die Einsatzbereiche sind vielfältig, typische Anwendungsfelder sind der Materialtransport in und zwischen Lager- und Fertigungsbereichen sowie die Verwendung als mobile Montage- und Fertigungsplattformen. Die Länge der von den Fahrzeugen befahrenen Strecke variiert je nach Anlagengröße zwischen wenigen Metern bis hin zu mehreren Kilometern.

Durch die vielfältigen Einsatzmöglichkeiten der Systeme ergibt sich eine große Auswahl an möglichen Bauformen der einzelnen Fahrzeuge. Mitbestimmend für die Gesamtgeometrie ist die zu transportierende Last und damit die Art der Lastaufnahme. Die grundsätzliche Unterscheidung in lastziehende und

---

[2]Der Begriff Steuerung wird in dieser Arbeit allgemein, ähnlich dem im englischen gebräuchlichen Begriff *control* verwendet, und schließt geschlossene Regelkreise nicht aus.

lasttragende FTF ergibt eine wie in Abbildung 1.6 dargestellte Einteilung. Besonders aufgrund der vielen möglichen aktiven Lastaufnahmemittel entsteht eine große Variantenvielfalt. Das Bewegungsverhalten eines einzelnen Fahrzeugs wird wesentlich von dessen Fahrwerksgestaltung bestimmt. Je nach Anzahl, Typ und Anordnung der Räder ist eine linienbewegliche Fahrt mit zwei Freiheitsgraden oder eine flächenbewegliche Fahrt mit drei Freiheitsgraden möglich, bei der die Orientierung des Fahrzeugrahmens unabhängig von der Fahrzeugposition einstellbar ist. Als Antriebsmotoren werden in der Regel Gleichstrommotoren mit einem Leistungsbereich zwischen 100 W und mehreren kW verwendet. Beim Betrieb außerhalb geschlossener Räume kommen auch verbrennungsmotorische Antriebe zum Einsatz, beispielsweise zum Containerumschlag an Häfen [91].

Fahrerlose Transportfahrzeuge, die primär mit elektrischer Energie betrieben werden, beziehen diese von mitgeführten Batterien, die regelmäßig geladen werden müssen, oder durch eine berührungslose induktive Energieversorgung. Dabei ist entlang der Fahrstrecke eine Leiterschleife verlegt. Ähnlich dem Transformatorprinzip erfolgt die elektromagnetische Kopplung durch einen am FTF angebrachten Übertragerkopf über den Luftspalt zwischen Übertragerkopf und Leiterschleife hinweg (Abbildung 1.7).

Zur Bestimmung der Fahrzeuglage relativ zum geplanten Fahrkurs verfügen die automatisch gesteuerten Fahrzeuge über Einrichtungen zur Lageerfassung. Im Allgemeinen wird eine Kombination aus Lagekopplung und Lagepeilung verwendet. Bei der Lagekopplung wird die Lage eines Fahrzeuges aus den

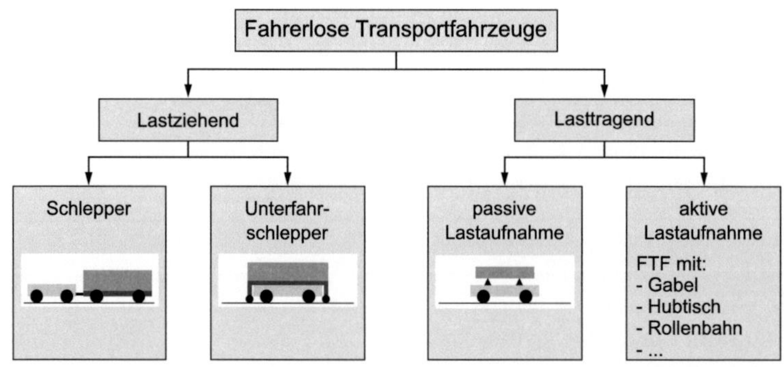

Abbildung 1.6.: Einteilung fahrerloser Transportfahrzeuge (vgl. [100]).

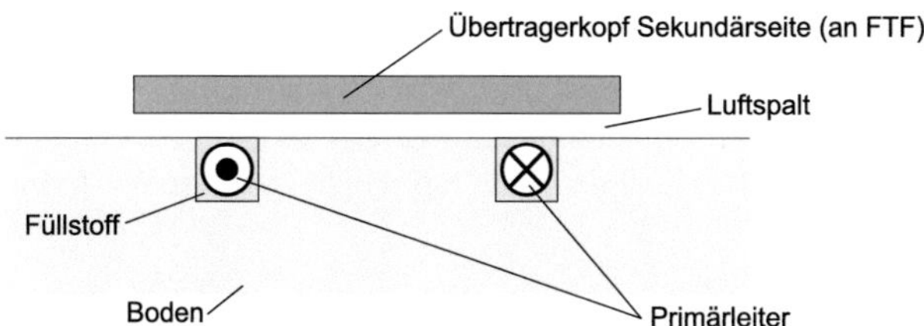

Abbildung 1.7.: Berührungslose induktive Energieversorgung mit Boden-installation des Primärleiters (nach [107]).

durch bordeigene Sensoren bestimmten Bewegungsgrößen ermittelt. Ein Beispiel für solche Sensoren sind Inkrementgeber an den Antriebsmotoren, die eine Berechnung der zurückgelegten Wegstrecke ermöglichen. Die Lagepeilung hingegen bestimmt die Fahrzeuglage relativ zu bekannten, stationären Peilmarken oder Sendern im Raum. Leitliniengeführte Systeme verwenden zur Lagepeilung am Boden verlegte induktive oder optische Leitlinien, welche die Fahrstrecke vorgeben. Virtuell geführte Fahrzeuge, die eine digital gespeicherte Strecke befahren, müssen ihre Position ständig oder an diskreten Wegpunkten feststellen und mit dem gespeicherten Fahrweg vergleichen. Dazu werden fest definierte Markierungen entlang der Strecke (z. B. induktive Transponder, Magnete, optische Reflektoren) angebracht. Eine satellitengestützte Navigation ist ebenfalls möglich [2].

Zusätzlich oder alternativ zur Lageerfassung erkennen an den Fahrzeugen angebrachte Sensoren das Erreichen von meist steuerungstechnisch relevanten Standorten wie Arbeitsstationen oder Lastübergabestationen. Diese Standorte müssen sicher erkannt werden, da dort oft koordinierte Abläufe oder Interaktionen mit anderen automatisierungstechnischen Systemen erfolgen, teilweise unter der Forderung einer genauen Positionierung des Fahrzeuges. Für die Standortbestimmung werden vielfach im Boden eingelassene Marken genutzt, beispielsweise Codeträger eines Identifikationssystems.

Das Steuerungskonzept eines fahrerlosen Transportsystems umfasst in der Regel eine Leitsteuerung, welche die Anlage auf höherer Abstraktionsebene überwacht und verwaltet, sowie eine auf den Fahrzeugen mitgeführte Fahrzeugsteuerung. Fahrzeugspezifische Aufgaben wie die Antriebssteuerung, Lage- und Standorterfassung, Energiemanagement und die Überwachung der Sicherheitseinrichtungen werden von der Fahrzeugsteuerung übernommen. Für die Datenkommunikation zwischen den Fahrzeugen und der Leitsteuerung kommen je nach Anwendungsfall induktive, funkbasierte oder Infrarot-Übertragungssysteme zum Einsatz. Abbildung 1.8 zeigt ein in der Automobilindustrie eingesetztes zweiachsiges FTF mit aufliegendem Werkstückträger zur Lastaufnahme.

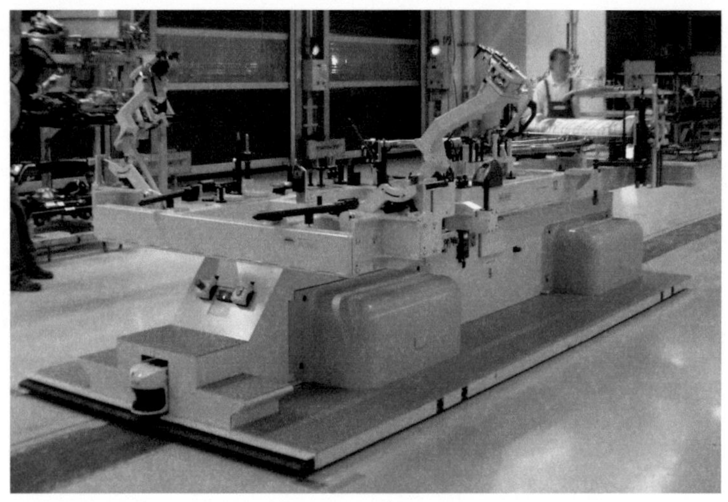

Abbildung 1.8.: Fahrerloses Transportfahrzeug mit Montageträger, eingesetzt in der Automobilindustrie. Quelle: Porsche AG

1.2.3. Virtuelle Inbetriebnahme

Die Simulation als eine der Kerntechnologien der Digitalen Fabrik kommt auch bei der Inbetriebnahme von Maschinen und Anlagen im Bereich Produktion und Logistik, einschließlich der eingesetzten Förderanlagen zur Anwendung. Im Folgenden wird zuerst die *Inbetriebnahme* von technischen Anlagen näher erläutert, bevor auf die simulationsgestützte Inbetriebnahme eingegangen wird.

Inbetriebnahme von technischen Anlagen

Die Inbetriebnahme kennzeichnet den Übergang eines technischen Systems in den Betriebszustand, in welchem das System erstmalig oder nach wesentlichen Systemänderungen die ihm zugedachten Funktionen erfüllt. Die Vielzahl der Systeme und der damit verbundenen unterschiedlichen Vorgehensweisen und Prioritäten während der Inbetriebnahmephase führt zu unterschiedlichen Begriffsdefinitionen (vgl. [111, 151]).

Sossenheimer liefert eine Definition für die Inbetriebnahme von Werkzeugmaschinen. Sie umfasst eine Abgrenzung der Arbeitsinhalte und des Zeitraums der Inbetriebnahme [141]. Eversheim benutzt darauf aufbauend folgende verallgemeinerte Definition [35]:

> „In der betrieblichen Praxis fällt der Inbetriebnahme die Aufgabe zu, die montierten Produkte termingerecht in Funktionsbereitschaft zu versetzen, ihre Funktionsbereitschaft zu überprüfen und soweit sie nicht vorliegt, diese herzustellen.

> Zur Inbetriebnahme zählen alle Tätigkeiten beim Hersteller und beim Anwender, die zum in Gang setzen und zur Sicherstellung der korrekten Funktion von zuvor montierten und auf vorschriftsmäßige Montage kontrollierten Baugruppen, Maschinen und komplexen Anlagen zu zählen sind. Als Baugruppe werden in diesem Zusammenhang auch die Steuerung, in sich geschlossene Teile der Steuerung, die Steuerungssoftware bzw. Module der Steuerungssoftware verstanden.

> Die Überprüfung des korrekten Zustands, der ordnungsgemäßen Montage und der Funktionstüchtigkeit von Einzelteilen zählt nicht zur Inbetriebnahme, sondern ist Bestandteil der Qualitätssicherung."

Als Ergebnis der Inbetriebnahme nennt Zeugträger „eine abnahmefertige und technisch funktionsfähige Anlage" [167]. Er schlägt vor, die Inbetriebnahme zusammen mit dem darauf folgenden Hochlauf bis zur Nennleistung als *Anlagenhochlauf* zu bezeichnen. Dieser Ansatz wurde inzwischen in einem produktionsbezogenen Kontext in mehreren Arbeiten unter dem Begriff *Produktionsanlauf* übernommen [66, 158, 162]. Abbildung 1.9 veranschaulicht die Einbindung der Inbetriebnahmephase in den Projektablauf des Anlagenbaus.

Eine mögliche Redistributionsphase nach Ende der Betriebsphase wird hier nicht betrachtet.

In der Praxis verlaufen die Phasen Montage und Inbetriebnahme teilweise parallel und sind nicht genau gegeneinander abzugrenzen. Dies gilt auch für den Übergang zwischen Inbetriebnahme und Hochlauf, wenn während der Steigerung der Anlagenleistung noch Optimierungen durchgeführt werden. Mit dem Hochlauf beginnt auch der Wechsel der Verantwortlichkeit für die Anlage vom Hersteller zum Betreiber [158]. Eine endgültige Abnahme seitens des Betreibers erfolgt in der Regel erst nach dem Erreichen des im Pflichtenheft spezifizierten Normalbetriebs. Komplettiert werden die Leistungen des Herstellers durch Schulungen des Bedien- oder Instandhaltungspersonals oder eine unterstützende personelle Begleitung in der Hochlaufphase.

Die Inbetriebnahme stellt eine entscheidende Phase im Projektverlauf des Anlagenbaus dar. Wiendahl vertritt die These, dass das Risiko einer Erst- und Wiederinbetriebnahme und der dazugehörenden Hochlaufphase mit dem Automatisierungsgrad sowie der Komplexität der betrachteten Anlage ansteigt [158]. Moderne Produktionsanlagen stellen heute mechatronische Systeme dar, die durch die hohen Abhängigkeiten zwischen mechanischen, elektrisch-elektronischen und informationstechnischen Komponenten nur im Verbund vollständig getestet werden können [27, 62]. Ein Aufbau mit entsprechender Inbetriebnahme der Anlage bereits beim Hersteller scheitert dabei oft am Platzbedarf und dem Zeitdruck in dieser späten Projektphase. Auch die Schnittstellen zu umgebenden Systemen des späteren Betreibers können

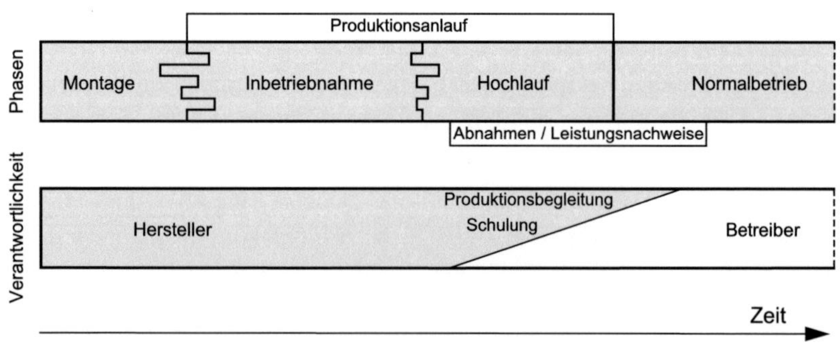

Abbildung 1.9.: Inbetriebnahme im Projektverlauf des Anlagenbaus.

im Vorfeld an einer Testanlage nur begrenzt nachgebildet werden. Nach der Montage beim Betreiber liegt erstmals das in Betrieb zu nehmende System als Ganzes vor. Als Konsequenz beinhaltet die Inbetriebnahme der Anlage beim Kunden eine Art Testphase [27]. Erst in dieser Testphase treten Fehler und Störungen auf, deren Ursachen jedoch größtenteils in den vorangegangenen Entwicklungsphasen liegen. Bei verfahrenstechnischen Anlagen beziffert Weber diesen Anteil auf mehr als 85% [151].

Eine besondere Bedeutung bei der Inbetriebnahme fällt der Steuerungstechnik zu. Die elektrische und steuerungstechnische Inbetriebnahme nimmt als Folge umfangreicher Tätigkeiten zur Behebung von Softwarefehlern bis zu 90% des gesamten Inbetriebnahmeaufwandes in Anspruch [141]. Ein Grund hierfür ist die zunehmende Parallelentwicklung von Steuerungssoftware und Hardware der Anlage. Da die Anlage nicht oder erst kurz vor Auslieferung an den Kunden zur Verfügung steht, ist der für Tests verbleibende Zeitrahmen oft zu kurz, um einen zufriedenstellenden Reifegrad der Software zu erreichen [28]. Dies führt dazu, dass die Steuerungsprogramme meist erst während der Inbetriebnahme fertiggestellt und im Zusammenspiel mit den realen Anlagenkomponenten erstmals getestet werden. Kiefer spricht dabei von der sogenannten „Baustellenprogrammierung", die u. a. zu suboptimalen Softwarelösungen sowie unzureichenden Softwaredokumentationen führt [66]. Treten Fehler in der Anlagensteuerung auf, so wird statt einer durchdachten Softwareänderung aufgrund des Zeitdrucks eine schnelle aber eventuell schwer nachvollziehbare Softwareanpassung vorgenommen.

Neben den technischen Schwierigkeiten prägen auch organisatorische Probleme die Inbetriebnahmephase beim Anlagenbetreiber. Ein hoher Anteil nicht planbarer Tätigkeiten zur Behebung von Problemen erschwert ein vorausschauendes Projektmanagement. Außerdem bestehen in der Regel kommunikative Hemmnisse zwischen den Inbetriebnahmekräften und den Mitarbeitern am Stammsitz des Anlagenbauers [167]. Bei Neuinstallationen oder Umbauten von Anlagen werden oftmals gleich mehrere neue Teilsysteme montiert, die vom jeweiligen Hersteller in Betrieb genommen werden, aber im Verbund arbeiten müssen. Aufgrund unterschiedlicher Zeitpläne und Interessenkonflikte zwischen den verschiedenen Unternehmen ist die Verfügbarkeit der Anlagen für Tests unter realistischen Bedingungen stark eingeschränkt und schwer vorhersehbar.

Die genannten Probleme führen zu einem Zeitverzug, erhöhten Kosten und zu Qualitätsmängeln der Anlage (siehe Abbildung 1.10). Für den Betreiber bergen wesentliche Änderungen an Anlagen im Produktions- oder Logistikbereich die Gefahr einer zeitweisen Verringerung der möglichen Anlagenleistung. Es liegt demnach in seinem Interesse, die benötigte Zeit so kurz wie möglich zu halten. Die Dauer einer Inbetriebnahme wird zum wichtigen Auswahlkriterium während der Auftragsvergabe an die Anlagenbauer. Damit verstärkt sich auch beim Anbieter der Druck, die Zeitdauer der schwer planbaren Inbetriebnahmephase sehr nahe am optimalen Verlauf anzusetzen, um die Chancen bei der Auftragsvergabe zu erhöhen. Die Behebung der geschilderten technischen und organisatorischen Probleme bei der späteren Inbetriebnahme führt zu einem Zeitverzug gegenüber dem geplanten und vertraglich zugesicherten Verlauf. Daraus folgt auch eine Erhöhung der Projektkosten, da Inbetriebnahmezeiten deutlich teurer sind als Bürozeiten [28]. Eine mögliche Vertragsstrafe, die bei Überschreitung von festgesetzten Abnahmeterminen zu zahlen

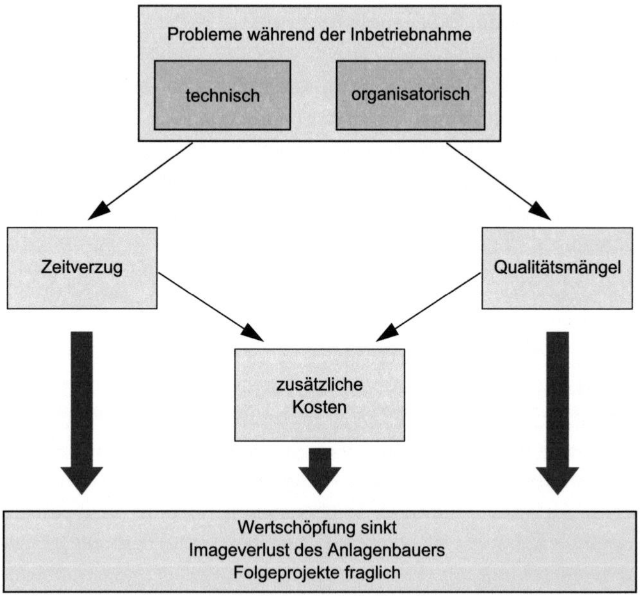

Abbildung 1.10.: Auswirkungen von Problemen während der Inbetriebnahme von technischen Anlagen.

ist, mindert ebenfalls den Gewinn des Anlagenbauers. Eine problembehaftete Inbetriebnahme wirkt sich auf die Wirtschaftlichkeit sowohl der Anlagenerstellung als auch der Anlagennutzung aus und beeinflusst damit die gesamte Kosten- und Gewinnsituation des Anlagenherstellers und -betreibers [167]. Eine direkte Folge der nicht ausgereiften Softwarelösungen zu Beginn der Inbetriebnahme ist ein erhöhtes Gefährdungspotenzial für das Inbetriebnahmepersonal sowie die Gefahr der Beschädigung der Anlage [28]. Längerfristig können durch die mangelhafte Dokumentation der unter Zeitdruck durchgeführten Programmierung erhebliche Probleme auftreten. So sind zum Beispiel spätere Softwareänderungen zur Anpassung des Systemverhaltens an geänderte Umstände ohne eine aktuelle und ausreichend genaue Dokumentation oft sehr zeitintensiv.

Die Inbetriebnahme einer technischen Anlage hat nicht zuletzt einen entscheidenden Einfluss auf die weitere Zusammenarbeit zwischen Anlagenbauer und -betreiber. Die Arbeiten während der Inbetriebnahme sind für den späteren Betreiber offensichtlich. Er bekommt direkt Kenntnis von Problemen, was vertragliche Konsequenzen nach sich ziehen kann oder sogar einen Renommeeverlust zur Folge hat, der die weitere Zusammenarbeit in Frage stellt [167].

Grundidee und Definition der virtuellen Inbetriebnahme

Als Auslöser von technischen Problemen fällt der Steuerungstechnik eine besondere Bedeutung während der Inbetriebnahme zu. Eine Methode zur Beseitigung der genannten Probleme ist die *virtuelle Inbetriebnahme* (VIBN), die ursprünglich im Bereich der Produktionsmaschinen am Beispiel der Werkzeugmaschine entwickelt wurde [169]. Die Grundidee der virtuellen Inbetriebnahme besteht nach Zäh und Wünsch in der Vorwegnahme der Steuerungsinbetriebnahme an einem virtuellen Modell der mechanischen, hydraulischen, pneumatischen und elektrischen Bestandteile einer Maschine [171]. Sie erfordert eine erhebliche Detaillierung der Engineering-Modelle und geht über die bisher vielfach angewandte Methode der Emulation zum Test von Leitsystemen weit hinaus [71]. Im Rahmen der virtuellen Inbetriebnahme werden Prozesse der realen Inbetriebnahme, die mit Hilfe einer Simulation durchführbar sind, in eine frühere Projektphase vorverlegt, so dass Probleme frühzeitig erkannt und behoben werden können. Durch die mit Hilfe eines Simulationsmodells frühzeitig entwickelte und getestete Steuerungssoftware wird die eigentliche Inbetriebnahmezeit an der realen Maschine verkürzt (Abbildung 1.11). Dieser Zeitersparnis stehen der zusätzliche Modellierungsaufwand zur Erstellung des Simulationsmodells und die virtuelle Inbetriebnahme selbst entgegen, so dass in der Regel projektbezogen eine Abschätzung der Wirtschaftlichkeit der virtuellen Inbetriebnahme erfolgen muss [160, 161].

Wünsch unterscheidet auf Basis der Anforderungen an die maximale Zykluszeit des Simulationsmodells zwischen der virtuellen Inbetriebsetzung und der virtuellen Inbetriebnahme [162]. Die virtuelle Inbetriebsetzung bezeichnet dabei „die frühe Entwicklung und Überprüfung von Steuerungsabläufen anhand eines Simulationsmodells", wobei weder ein Leistungstest noch eine Prüfung auf Störungen und des Störungsverhaltens der Anlage möglich ist. Die virtuelle Inbetriebnahme hingegen beschreibt „den abschließenden Steuerungstest anhand eines Simulationsmodells, das in der Kopplung von realer oder virtueller Steuerung mit dem Simulationsmodell eine ausreichende Abtastrate für alle Steuerungssignale gewährleistet." Unter der Voraussetzung eines logisch korrekten Modells erlaubt die virtuelle Inbetriebnahme bei einer ausreichenden Abtastrate des Simulationsmodells einen eindeutigen Rückschluss auf die Ursache eines Fehlers. Aufgrund der in der Praxis oft als Synonym benutzten Begriffe *Inbetriebsetzung* und *Inbetriebnahme* wird diese Unterscheidung in der vorliegenden Arbeit nicht weiter verwendet.

Der Grundidee folgend bezeichnet Kiefer die virtuelle Inbetriebnahme als die „im Rahmen der Produktionsplanung stattfindende digitale Absicherung rea-

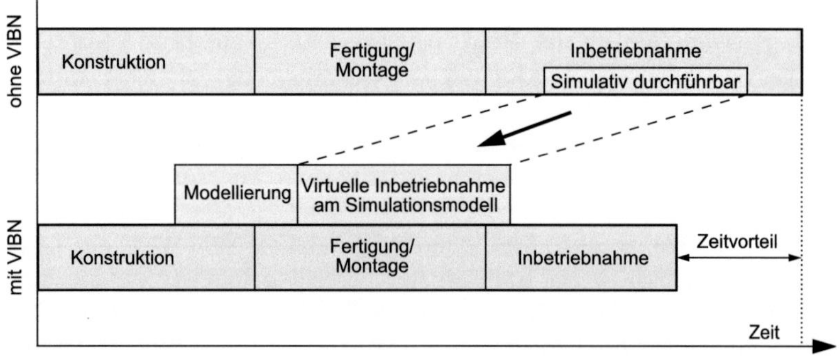

Abbildung 1.11.: Grundidee der virtuellen Inbetriebnahme (vgl. [160]).

ler Steuerungsprogramme und anderer produktionsnaher IT-Systeme ohne Vorhandensein der realen Fertigungssysteme. Sie dient der frühzeitigen Beurteilung und Optimierung des gesamten Anlagenverhaltens unter Verwendung digitaler Produkt- und Ressource- sowie realer Prozessdaten (Steuerungsdaten)" [66]. Diese Definition wird im Folgenden verwendet, wobei das Anwendungsgebiet der virtuellen Inbetriebnahme auf Produktions- und Logistiksysteme erweitert ist.

Nutzen der virtuellen Inbetriebnahme

Die Nutzenpotenziale der virtuellen Inbetriebnahme sind vielfältig (vgl. [66]). Ein wesentlicher Hauptnutzen ist der höhere soft- und hardwarebezogene Reifegrad der betrachteten Anlagen. Die während der virtuellen Inbetriebnahme gewonnenen Erkenntnisse können direkt im weiteren Projektverlauf genutzt werden. Durch die Simulation kann ein Änderungsbedarf an Soft- oder Hardware ermittelt werden, der in vielen Fällen noch in den Entwicklungs- oder Anlagenplanungsprozess integrierbar ist. In einer Feldstudie konnte durch Einsatz der virtuellen Inbetriebnahme eine Steigerung der Softwarequalität zu Beginn der realen Inbetriebnahme von durchschnittlich 37% auf durchschnittlich 84% korrekt umgesetzter Steuerungsfunktionen erreicht werden [172]. Das Simulationsmodell dient dabei auch als Kommunikationsplattform für die interdisziplinäre Zusammenarbeit der Projektbeteiligten. Es ermöglicht eine frühzeitige Diskussion des aktuellen Planungszustandes sowie eine verbindliche Abstimmung der gewünschten Funktionalitäten mit dem Betreiber [132].

In Verbindung mit dem virtuellen Anlagenmodell ist ein Test der Steuerungssoftware bei normalen Betriebszuständen sowie bei Störszenarien möglich. Fehlerzustände, die in der Realität ein Gefährdungspotenzial für die Bediener oder die Gefahr von dauerhaften Schäden an der Mechanik bergen, können in der Simulation gefahrlos herbeigeführt werden. Durch die Verwendung der auch später eingesetzten Bediengeräte während des VIBN-Prozesses kann deren Funktion abgesichert und die Gestaltung der Benutzerschnittstelle optimiert werden. Damit ist es nahe liegend, auch Schulungen des Bedienpersonals durchzuführen. Der Simulationsaufbau zur virtuellen Inbetriebnahme inklusive der original HMI-Geräte[3] bietet dabei eine realitätsnahe Umgebung zur Qualifikation des Bedienpersonals im Umgang mit dem realen System. Die

---

[3]engl.: *Human Machine Interface*, deutsch: Mensch-Maschine-Schnittstelle

Inbetriebnahme am Simulationsmodell ist ebenfalls dazu geeignet, geforderte Kennwerte wie beispielsweise Taktzeiten oder Durchsatzmengen zu überprüfen und gegebenenfalls Soft- oder Hardwareänderungen abzuleiten. Neben der Erstinbetriebnahme können auch geplante Umbaumaßnahmen durch eine virtuelle Wiederinbetriebnahme abgesichert werden, so dass nach der Modifikation der Anlage ein bereits getestetes und optimiertes Softwareprogramm eingespielt werden kann [32].

Als Resultat der bisher genannten Nutzenpotenziale, die unter dem Begriff Qualitätssteigerung zusammengefasst werden können, ergibt sich als zweiter wesentlicher Nutzen eine stabilere und beschleunigte reale Inbetriebnahme. In der bereits erwähnten Feldstudie konnten durchschnittlich 75% der Inbetriebnahmezeit eingespart werden, da die Steuerungssoftware am virtuellen Modell entwickelt und an der realen Anlage nur noch verifiziert werden musste [172]. Jeder Fehler in der Steuerungssoftware, der bereits am Büroarbeitsplatz mit Hilfe der Simulation gefunden und bereinigt wird, erspart dem Inbetriebnahmepersonal eine aufgrund der Arbeitsbedingungen vor Ort oft zeitintensive Programmkorrektur mit entsprechenden Stillstandszeiten der Anlage.

Der dritte wesentliche Nutzen ist eine Reduktion der Projektkosten. Mit sinkender Durchlaufzeit einer Maschine oder Anlage fallen auch die damit verbundenen Kosten für Lagerfläche, Personal und Kapitalbindung. Je früher die Abnahme durch den Kunden erfolgt, desto früher findet der vollständige Kapitalrückfluss vom Kunden zum Hersteller statt [162]. Wochenend- oder Nachtzuschläge sowie die anfallenden Reisekosten verteuern die Arbeitsstunden am Inbetriebnahmeort im Vergleich zu jenen am festen Arbeitsplatz. Die suboptimalen Arbeitsplatzbedingungen, die nicht selten durch Improvisationen und mangelnde Kommunikationsanbindungen gekennzeichnet sind, verringern zudem die Produktivität vor Ort. Durch die virtuelle Inbetriebnahme werden diese Arbeitsstunden teilweise eingespart oder an den Standort des Herstellers vorverlagert. Das führt insgesamt zu geringeren Gesamtkosten und einer erhöhten Rentabilität der durch die virtuelle Inbetriebnahme unterstützten Projekte. Nicht zuletzt bieten die virtuellen Anlagenmodelle aus Sicht der Hersteller die Möglichkeit, einem potenziellen Kunden bereits in der Angebotsphase ein im Rechner grundlegend funktionsfähiges Modell seiner gewünschten Anlage zu präsentieren. Dies führt zu einem größeren Vertrauen des Kunden in die Leistungsfähigkeit des Anbieters und erhöht die Chancen eines Vertragsabschlusses. Da viele Wettbewerber nahezu die gleichen Technologien und Prozesse bei der Auftragsabwicklung nutzen, kann durch die virtuelle Inbetriebnahme als neue Technologie ein grundsätzlicher Wettbewerbsvorteil generiert werden [4].

Einordnung der virtuellen Inbetriebnahme in die Digitale Fabrik

Die virtuelle Inbetriebnahme ist mit dem Konzept der Digitalen Fabrik verknüpft. Neben dem konkreten Nutzen für die reale Inbetriebnahme stellt sie eine Methode dar, um den Prozess der Fabrik- und Produktionsplanung zu beschleunigen.

Der im Sinne der Digitalen Fabrik durchgeführte Fabrikplanungszyklus kann als Regelkreis betrachtet werden. Er besteht aus Planung, Umsetzung und Betrieb in der realen Fabrik mit anschließender Bewertung des Ergebnisses. Daraus folgen sehr lange Zykluszeiten, bis Erkenntnisse aus Anlagenrealisierungen in der Neuplanung oder Umplanung Einzug halten [170]. Die virtuelle Inbetriebnahme beschleunigt diesen Regelkreis. Ohne die geplanten Produktions- oder Logistikanlagen tatsächlich umzusetzen, können die mit Hilfe digitaler.Modelle gewonnenen Erkenntnisse wieder dem Planungsprozess zugeführt werden (siehe Abbildung 1.12). Optimierungen der Prozessabläufe in der Fabrik sind damit schneller und kostengünstiger durchführbar.

Die Verknüpfung der virtuellen Inbetriebnahme mit der Digitalen Fabrik ergibt sich aus den Simulationsmodellen, die auf dem Datenbestand der Digitalen Fabrik basieren. Gleichzeitig besteht ein Bezug zur realen Fabrik, da Automatisierungskomponenten aus der realen Fabrik über geeignete Schnittstellen an die Simulationsmodelle angebunden werden. Die virtuelle Inbetriebnahme ist damit als entscheidender Schritt zum Übergang von der digitalen zur realen Fabrik anzusehen [66]. Sie stellt das Bindeglied dar, welches die Domänen Planung und Betrieb frühzeitig vernetzt.

Angewendete Techniken

Bezüglich der zur virtuellen Inbetriebnahme eingesetzten Techniken lassen sich zwei Strategien unterscheiden. Die Erste beruht auf der Verwendung einer gemeinsamen, dehnbaren virtuellen Zeitachse für das Simulationsmodell der betrachteten Anlage und den anderen Systemkomponenten. Der Zeitfortschritt wird dabei vom langsamsten Teilsystem bestimmt. Selbst wenn die

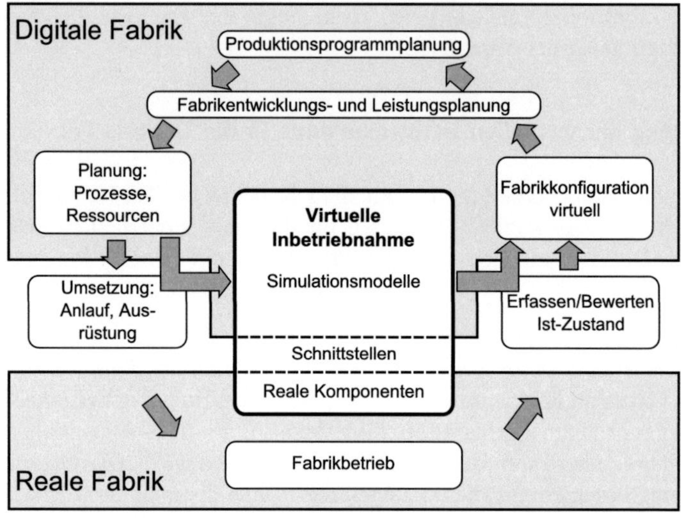

Abbildung 1.12.: Einordnung der virtuellen Inbetriebnahme in den Fabrikplanungszyklus der Digitalen Fabrik (vgl. [157, 170]).

Simulation nicht in Echtzeit abläuft, arbeitet jede Komponente zeitlich synchronisiert. Das System läuft in *virtueller Echtzeit* ab, welche die interne Zeitsynchronisation sicher stellt, jedoch keinen Bezug zur allgemeinen Zeit hat [26]. Dies hat unter anderem den Vorteil, dass zahlreiche rechenzeitaufwändige Simulationsanwendungen direkt integriert werden können. Der Nachteil besteht in der geringen Verfügbarkeit oder der zu starken Abstraktion von Simulationsmodellen der Steuerungshardware [163, 168], weshalb diese Strategie in der vorliegenden Arbeit keine Verwendung findet.

Die bei der zweiten Strategie eingesetzte Technik ist die *Hardware-in-the-loop-Simulation* (HIL). Dabei wird die Peripherie in Echtzeit simuliert und die Steuerungstechnik als reale Hardware eingebunden [163]. Die Steuerungssoftware, die im Fokus der virtuellen Inbetriebnahme steht, läuft bereits auf der auch später eingesetzten Zielplattform. Dieses Simulationsprinzip erlaubt sehr aussagekräftige Testszenarien, da durch den Betrieb der zu testenden Komponente in der realen Konfiguration gewollte oder ungewollte vereinfachte Randbedingungen und Annahmen ausgeschlossen werden können [115]. Voraussetzung für eine direkte Kopplung an das reale Steuergerät ist ein identisches Schnittstellenverhalten des Simulationsmodells im Vergleich zum realen System. Die zu testende Steuerung sollte keinen Unterschied zwischen einer real angeschlossenen Anlage und deren Simulation bemerken [27]. Hieraus folgen Echtzeitanforderungen an das Simulationssystem, da es für jeden Steuerzyklus aktuelle Zustandsdaten berechnen und übermitteln muss. Geschieht dies nicht, so ergibt sich im Regelkreis Steuerung – Simulationsmodell eine Verzögerung, die eine Übertragbarkeit der Simulationsergebnisse auf die Realität erschwert oder zu Instabilitäten im Regelkreis führen kann. Als Nachteil der HIL-Simulation ist der erhöhte Aufwand zum Aufbau der Simulationsumgebung zu nennen, da sie auch alle relevanten physikalischen Schnittstellen (Bussysteme, Sensorleitungen) abdecken muss [115]. Zudem kann die Simulation in Echtzeit bei komplexen Systemen schnell unwirtschaftlich oder sogar technisch unmöglich werden [168].

Den generellen Aufbau eines HIL-Simulationssystems zur virtuellen Inbetriebnahme zeigt Abbildung 1.13. Die als Hardware vorhandenen Komponenten wie Steuer-, Anzeige- und Bediengeräte werden über die auch im späteren Betrieb genutzten Kommunikationsschnittstellen miteinander verbunden. An dieses Netzwerk ist auch ein Simulator angebunden, der die nicht real vorhandenen Systemkomponenten nachbildet. Der Simulator verarbeitet die Ausgangsdaten des Steuergerätes und liefert aus dem aktuellen Zustand des Simulationsmodells ein Prozessdatenabbild zurück.

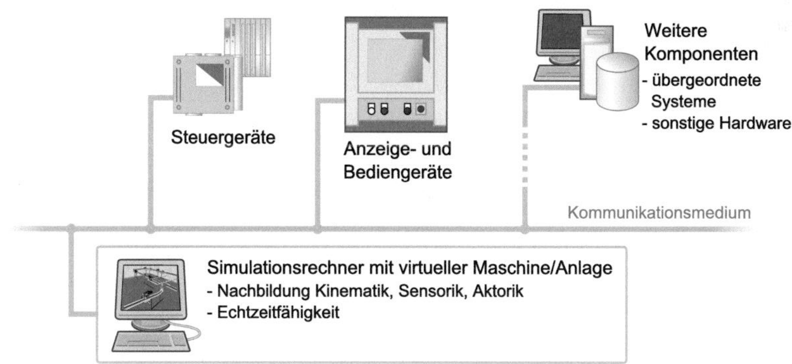

Abbildung 1.13.: Aufbau eines Hardware-in-the-loop-Simulationssystems für die virtuelle Inbetriebnahme.

Ähnliche Ansätze und Begriffe

Es existieren mehrere Ansätze, die ähnliche Zielsetzungen wie die virtuelle Inbetriebnahme von Produktions- oder Logistiksystemen verfolgen.

Bei der Inbetriebnahme von Lagerverwaltungs- und Materialflussrechnern hat sich der Begriff *Emulation* etabliert [38, 82, 124]. Dies basiert auf der Tatsache, dass die verwendeten Simulationsmodelle der Materialflusssysteme nicht im Hauptfokus der Untersuchungen liegen, sondern die Aufgabe haben, das Originalsystem ausreichend genau nachzubilden, es zu *emulieren* (vgl. [84]). Die Begriffe Emulation und virtuelle Inbetriebnahme werden dabei teilweise gleichbedeutend verwendet. Die Nachbildung des zu steuernden Systems in einem Rechnermodell ist jedoch Voraussetzung zur Durchführung der virtuellen Inbetriebnahme, d. h. die virtuelle Inbetriebnahme erfordert eine Emulation der nicht real vorhandenen Systeme. Die Gesamtmethode als Emulation zu bezeichnen ist jedoch fragwürdig, denn diese zeichnet sich hauptsächlich durch die Kopplung aus, die zwischen der Steuerung und dem zur Emulation genutzten Simulationsmodell aufgebaut wird.

Für das Simulationsmodell und die zugehörige Visualisierung wird vielfach der Begriff *virtuelle Maschine* verwendet (vgl. [9, 70, 85, 115]). Der Verwendungszweck dieser virtuellen Maschinen erstreckt sich neben der virtuellen Inbetriebnahme mit dem Fokus auf der Steuerungssoftware auch auf die Untersuchung des Maschinenverhaltens, beispielsweise im Feld der Mehrkörpersimulation [114].

Die Programmierung von Robotern mit Hilfe eines virtuellen Modells wird als *Offline-Programmierung* bezeichnet [15, 57, 71]. Hier liegt der Schwerpunkt in der Bahn- und Bewegungsplanung sowie der automatischen Ableitung von Programmcode für die reale Robotersteuerung. Obwohl auch hier Inbetriebnahmetätigkeiten an einem Simulationsmodell durchgeführt werden, hat sich der Begriff *Offline-Programmierung* etabliert. Erst bei der Integration der übergeordneten Zellensteuerung, welche die Robotersteuerung und die weiteren Komponenten der Roboterzelle wie Zuführsysteme oder Spannvorrichtungen koordiniert, wird von einer virtuellen Inbetriebnahme gesprochen (vgl. [81]).

Einsatzgebiete der virtuellen Inbetriebnahme

Die Methode der virtuellen Inbetriebnahme hat sich im wissenschaftlichen Umfeld als äußerst potenzialreich erwiesen und wurde bereits bei vielen Pilotprojekten verwendet. Ein flächendeckender Einsatz im industriellen Umfeld ist bis jetzt jedoch nicht festzustellen [67, 121]. Als Grund hierfür wird der noch hohe zusätzlich zu erbringende Aufwand zur Durchführung virtueller Inbetriebnahmen gesehen, wobei besonders die Modellerstellung als zu aufwändig und die Software als unausgereift und teuer erachtet wird [13, 66].

Die Einsatzgebiete der virtuellen Inbetriebnahme lassen sich nach verschiedenen Merkmalen gruppieren. Zäh und Wünsch ordnen Anwendungsfälle der virtuellen Inbetriebnahme in eine zweidimensionale Matrix ein [162, 171]. Dabei wird einerseits nach der betrachteten Steuerungsebene und andererseits nach dem steuerungstechnischen Umfang des Automatisierungsobjektes klassifiziert (siehe Abbildung 1.14). Anhand der Einordnung ist ersichtlich, dass die in der Literatur beschriebenen Anwendungsfälle in einem diagonalen Korridor liegen. Oberhalb dieses Korridors ist ein verwertbarer Nutzen aufgrund des niedrigen Detaillierungsgrades der Simulationsmodelle nicht zu erreichen.

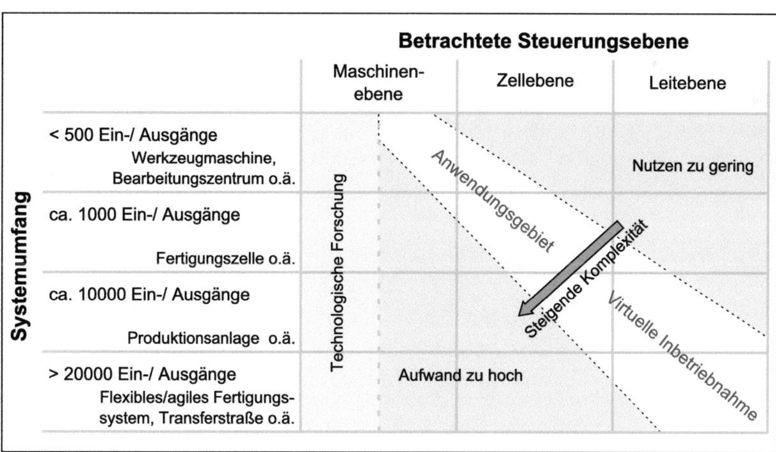

Abbildung 1.14.: Einsatzgebiete der virtuellen Inbetriebnahme nach Zäh und Wünsch (vgl. [162, 171]).

Bei steigender Systemgröße und gleichzeitiger Betrachtung niedriger Steuerungsebenen ist der Modellierungsaufwand zu hoch, was die untere Grenze des Korridors beschreibt.

Der linke Bereich in der abgebildeten Matrix bezeichnet das Gebiet der technologischen Grundlagenforschung. Hier wird das Verhalten einer Maschine unter Einsatz von FEM- und MKS-Modellen mit hohem Detaillierungsgrad untersucht. Diese Untersuchungen sind weniger auf eine Unterstützung der Maschineninbetriebnahme ausgerichtet als darauf, den von der Maschine ausgeführten Prozess zu optimieren. Aktuelle Forschungsarbeiten in diesem Gebiet beschäftigen sich u. a. mit der Bahngenauigkeit von Bearbeitungsmaschinen und der Vorhersage der zu erwartenden Bauteileigenschaften in Abhängigkeit der eingesetzten Fertigungsmittel [45, 46, 80]. Wesentliche Einflussgrößen sind dabei die auftretenden Prozesskräfte, die Maschinenstruktur und das Regelungsverfahren.

Auf Zellen- und Maschinenebene findet die virtuelle Inbetriebnahme bei vielfältigen Bearbeitungsmaschinen Einsatz. Sie wird bei klassischen Werkzeugmaschinen und bei Maschinen der Papier- und Textilindustrie genutzt [9, 12, 125, 143]. In der Automobilindustrie ist eine Anwendung zur Inbetriebnahmeunterstützung von Fertigungs- und Montagezellen zu beobachten. Kiefer und Bergholz schildern die virtuelle Inbetriebnahme einer Fertigungszelle im Karosserierohbau, bestehend aus Spannvorrichtung, 6-Achs-Schweißroboter und weiteren Layoutkomponenten, insbesondere Sicherheitseinrichtungen [66, 67]. Die Inbetriebnahme einer komplexen Fügestation zur „Hochzeit", d. h. zur Zusammenführung von Antriebsstrang und Karosserie in der Automobilproduktion, schildern Schlögl und Schneiderwind [132]. Die Erstinbetriebnahme mit allen Basisfunktionen wurde an einem Tag abgeschlossen, während für vergleichbare Anlagen bis zu acht Arbeitstage angesetzt wurden. Beim Automobilhersteller AUDI AG wird laut Ehrenstraßer die Methodik der virtuellen Inbetriebnahme seit 2004 in der betrieblichen Praxis eingesetzt. Die Komplexität der zu simulierenden Umfänge wurde seitdem schrittweise bis hin zu komplexen Karosseriebaustationen erhöht [32].

Die virtuelle Inbetriebnahme auf Leitebene wird zur digitalen Absicherung von intralogistischen Systemen genutzt, oft unter dem Begriff Emulation [38]. Betrachtete Systeme sind u. a. Gepäckförderanlagen an Flughäfen und diverse Systeme der Lagerlogistik [48, 61, 92, 124]. Heinrich und Wortmann berichten von der Erstellung eines Simulationsmodells für den Farbsortierspeicher für

Rohkarossen. Durch Simulationsexperimente unter Kopplung des Modells mit der Leitsteuerung war es möglich, die Anzahl der notwendigen Farbwechsel bei der nachfolgenden Lackierstraße deutlich zu reduzieren.

Virtuelle Inbetriebnahme von Elektrohängebahnen und fahrerlosen Transportsystemen

Eine virtuelle Inbetriebnahme von Förderanlagen (siehe Abschnitt 1.2.2) kann je nach Betrachtungshorizont auf Leit-, Zellen- und Maschinenebene stattfinden. Die Leitebene bei EHB- und FTS-Systemen kann meist klar abgegrenzt werden, da hier eine Koordination und Überwachung der Transportaufträge ohne direkten Eingriff in die Anlagenfunktion selbst vorherrscht. Die Zuordnung der Systemkomponenten zur Zellen- und Maschinenebene ist jedoch schwieriger. Die Verantwortlichkeiten für die Systemfunktionen sind je nach Ausgestaltung der Förderanlagen unterschiedlich auf die Zellen- und Maschinenebene verteilt. Zudem sind die Begriffe *Zelle* und *Maschine* bei den in dieser Arbeit betrachteten Förderanlagen nur bedingt zutreffend. Als Zellenebene wird hier die Steuerungsebene angesehen, auf der die Verwaltung und Koordination der Feldgeräte, insbesondere der Transportfahrzeuge, erfolgt. Die Maschinenebene bilden die Feldgeräte selbst, welche die Anlagenfunktion auf unterer Ebene realisieren.

Eine reine materialflusstechnische Untersuchung von Elektrohängebahnen sowie fahrerlosen Transportsystemen ohne Integration von realer Steuerungshardware wird von einer Vielzahl erhältlicher Simulatoren unterstützt. Einige Softwarepakete bieten darüber hinaus auch eine dreidimensionale Darstellung der Systeme an [23, 98]. Die Förderanlagen werden dabei in abstrakter Sicht als Menge von bewegten Objekten (BEO) modelliert, die auf einer Fahrstrecke wiederum andere BEO transportieren [133]. Wichtige Fragestellungen bei diesen Materialflusssimulationen sind die Bestimmung der grundsätzlichen Dispositionsstrategie, eine Optimierung des Streckenverlaufes oder die Bestimmung der optimalen Fahrzeuganzahl [54]. Die Simulationen finden im Vorfeld der Maßnahmen statt, die auf eine virtuelle Inbetriebnahme abzielen, da durch sie die grundsätzliche Systemauswahl und -auslegung simulativ abgesichert wird.

Auf Leitebene dominiert weniger die Absicherung der realen Inbetriebnahme des Gesamtsystems als die Überprüfung der Leitsteuerung und der darauf ablaufenden Logik zur Auftragsverwaltung und Transportorganisation. Eine Kopplung der Leitsteuerung eines FTS mit einem Fahrzeug- und Auftragssimulator beschreibt Osterhoff [112]. Das Leitsystem eines fahrerlosen Transportsystems mit 45 Fahrzeugen und über 25 km Fahrstrecke wird dabei erfolgreich durch eine Simulation verifiziert. Das Leitsystem erhält vom Auftragssimulator die Transportaufträge, welche anhand Testdaten oder Daten der realen Anlage generiert werden. Der Fahrzeugsimulator arbeitet mit vorberechneten Fahrzeiten für die verschiedenen Transportstrecken und bildet damit das Verhalten der Fahrzeuge abstrakt nach. Hieslmayr berichtet von der Simulation eines weitläufigen FTS der Universitätskliniken Köln [52]. Das System wird dabei mit dem diskreten Ereignissimulator ARENA simuliert, wobei nicht das original Leitsystem verwendet wird, sondern deren Steuerungsalgorithmen in das Simulationsmodell integriert werden.

Eine wesentlich detailliertere Simulation eines FTS auf Zellen- und Maschinenebene erläutern Versteegt und Verbraeck [150]. Dabei wird in einem mehrstufigen Prozess der Übergang von simulierten zu realen Komponenten erreicht. Ausgehend von einer reinen Simulation von Förderanlage und Steuerung in einem diskreten Ereignissimulator werden in weiteren Schritten zuerst genauere Emulationsmodelle der Anlage genutzt und schließlich reale Prototypen der Transportfahrzeuge eingebunden. Die Anlagensteuerung des FTS kann nicht mehr feststellen, ob eine Simulation, Emulation oder reale Prototypen angeschlossen sind. Sie ist Teil des Simulationsmodells, kann jedoch auch eine begrenzte Anzahl realer Fahrzeuge in Echtzeit steuern. Wesentliches Hilfsmittel ist ein definiertes Schnittstellenverhalten jeder Komponente, welches sowohl das abstrakte Simulationsmodell der Komponente wie auch deren Emulationsmodell und reale Ausprägung zeigen. Als Hauptvorteil dieser Vorgehensweise nennen Versteegt und Verbraeck die Möglichkeit, Änderungen am System schnell und sicher mit Hilfe der Simulation zu testen. Dies basiert auf der hohen Flexibilität, die durch die Kombinationsmöglichkeiten von Simulation, Emulation und realen Komponenten entsteht und je nach betrachtetem Teilsystem frühzeitig aussagekräftige Simulationsergebnisse ermöglicht. Der wesentliche Nachteil liegt bei den verwendeten Simulationsprogrammen in der Vermischung der Simulationsmodelle von Steuerung und gesteuertem System.

Braatz u. a. beschreiben das virtuelle Prototyping der Fahrzeugsteuerung fahrerloser Transportfahrzeuge [16]. Fahrzeuge sowie Be- und Entladestationen werden dabei als autonome und untereinander kooperierende Agenten modelliert, die keine übergeordnete Leitsteuerung benötigen. Sowohl die Zellen- als auch die Maschinenebene wird in Form der Agenten abgebildet. Die Bewegung der Fahrzeuge wird in einer virtuellen 3D-Umgebung dargestellt. Die Schnittstelle zwischen dem verwendeten Agentenverwaltungssystem, welches auch die Fahrzeugsteuerung beinhaltet, und der 3D-Umgebung wird schrittweise erweitert. Während im ersten Schritt die Fahrzeugsteuerung abstraktes Verhalten zeigt und die Animation Aufgaben wie Wegeplanung und Hinderniserkennung durchführt, muss die Steuerung in weiteren Schritten unter Auswertung virtueller Sensoren Hindernisse eigenständig erkennen und umfahren. Als Ergebnis des Entwicklungsprozesses liegt eine fertig erstellte Steuerungssoftware vor, die nur noch die Basisfunktionalität der Animation in Anspruch nimmt. Dazu zählt beispielsweise die Positionierung der Fahrzeuge als Reaktion auf eine von der Steuerung vorgegebene Bewegungsrichtung und Geschwindigkeit. Inwiefern die Steuerungssoftware auch auf der Original-Hardwareplattform des FTF einsetzbar ist, wird nicht erwähnt.

Eine Vorgehensweise zur Entwicklung von Steuerungssoftware für frei navigierende Transportfahrzeuge schildern Baglivo u. a. [6]. Der Schwerpunkt liegt dabei auf der Programmierung der Fahrzeugsteuerung, insbesondere der Optimierung der automatischen Hinderniserkennung und der Bahnplanung. Der erstellte Programmcode kann in Echtzeit auf einem Simulationsrechner als auch auf der Zielplattform ausgeführt werden. Im Simulationsmodus werden die Schnittstellen zu realen Sensorsystemen deaktiviert und durch Schnittstellen zu virtuellen Sensoren ersetzt. Deren aktuelle Werte berechnet das Simulationsmodell, welches die Kinematik und Dynamik des Transportfahrzeugs abbildet. Vor der Verwendung auf dem realen Fahrzeug wird der Simulationsmodus genutzt, um Fehler in der Steuerungssoftware zu bereinigen und die Reglerparameter zu optimieren. Eine Betrachtung der übergeordneten Steuerung findet nicht statt, so dass dieser Ansatz der Maschinenebene zuzuordnen ist und eine virtuelle Inbetriebnahme des Gesamtsystems nicht durchführbar ist.

Wischnewski analysiert in seiner Arbeit spurgebundene Transportsysteme. Er entwickelt Methoden zu deren Modellierung, Simulation und Steuerung [159]. Zur Realisierung wird das Simulationssystem COSIMIR um ein Modul zur Transportsimulation erweitert. Transportvorgänge können mit dem Modul auf einer tiefen technischen Ebene abgebildet werden. Hauptbetrachtungsgegenstand sind spurgebundene Transfersysteme mit mobilen Werkstückträgern, wie sie beispielsweise für den Werkstücktransport zwischen Bearbeitungszentren eingesetzt werden. Zur virtuellen Inbetriebnahme kann die Steuerung des Simulationsmodells als reale Hardware extern angekoppelt werden. Somit wird sowohl die Zellen- als auch die Maschinenebene durch die Simulation abgedeckt. Als Anwendungsfall nennt Wischnewski auch spurgeführte fahrerlose Transportsysteme. Es wird jedoch nur ein sehr einfaches Beispielmodell gezeigt und auf nähere Informationen verzichtet. Weitere Anwendungsbeispiele dieses Simulationssystems im Bereich fahrerloser Transportsysteme sind bisher nicht bekannt.

Konkrete Anwendungsbeispiele, die eine virtuelle Inbetriebnahme einer Elektrohängebahnanlage belegen, sind bisher nicht bekannt. Von einer Anwendung auf Leitebene ist jedoch auszugehen. Ähnlich den weiter oben beschriebenen Beispielen von Osterhoff und Hieslmayr, welche die Inbetriebnahme von FTS-Leitsteuerungen beschreiben, kann die EHB dabei sehr abstrakt nachgebildet werden. Da kaum anlagenspezifische Eigenschaften modelliert werden müssen, kann das Modell der Förderanlage beispielsweise in einem diskreten Ereignissimulator erstellt werden, der Schnittstellen zur Ankopplung eines Leitsystems zur Verfügung stellt.

Auch für die Durchführung einer virtuellen Inbetriebnahme unter Betrachtung der Zellen- und Maschinenebene sind bisher keine Anwendungsbeispiele bei EHB-Anlagen bekannt. Ein möglicher Grund ist darin zu sehen, dass sich dezentral ausgelegte Steuerungskonzepte mit intelligenten Fahrzeugsteuerungen bei Elektrohängebahnen erst langsam etablieren. Obwohl diese Konzepte existieren (vgl. [50, 78]), dominiert hier die klassische Blockstreckensteuerung. EHB-Fahrzeuge kommunizieren dabei nur an diskreten Streckenpunkten mit der zentralen Streckensteuerung. Dazwischen erfolgt eine einfache Aufpufferung der Fahrzeuge ohne Steuerungseingriff, beispielsweise durch an den Fahrzeugen angebrachte optische Auffahrsensoren. Die oftmals einfache steuerungstechnische Auslegung der Anlagen führt anscheinend dazu, dass der Durchführung einer virtuellen Inbetriebnahme bisher kein ausreichend großer Nutzen zugeschrieben wird.

1.3. Offene Probleme

Aus den vorherigen Abschnitten ergeben sich zusammenfassend die folgenden offenen Fragestellungen:

- **Anwendung der virtuellen Inbetriebnahme bei komplexen Förderanlagen**

  Gemessen am hohen Verbreitungsgrad[4] von komplexen Förderanlagen wie Elektrohängebahnen und fahrerlosen Transportsystemen wurde deren virtuelle Inbetriebnahme auf Zellen- und Maschinenebene bisher wenig betrachtet. Auf der Leitebene sind die zur virtuellen Inbetriebnahme verwendeten Simulationsmodelle stark abstrahiert. Die Abstraktion führt dazu, dass wenig bis kein verwertbarer Nutzen für die Inbetriebnahme der realen Anlagentechnik entsteht, deren Komplexität im Wesentlichen auf Zellen- und Maschinenebene liegt. Durch die Komplexität der Förderanlagen entsteht ein hoher Aufwand bei deren Inbetriebnahme. Da die Förderanlagen oftmals essenzielle Komponenten des innerbetrieblichen Materialflusses darstellen, entsteht gleichzeitig ein Bedarf nach kurzen Inbetriebnahme- oder Umrüstzeiten. Bisher sind keine Arbeiten bekannt, die sich mit einer durchgängigen virtuellen Inbetriebnahme von fahrerlosen Transportsystemen und Elektrohängebahnen auf Zellen- und Maschinenebene befassen.

- **Projektbezogene Anwendung der virtuellen Inbetriebnahme**

  Die geschilderten Arbeiten auf Zellen- und Maschinenebene zeigen eine stark projektbezogene Anwendung der virtuellen Inbetriebnahme. Dadurch liegt eine starke Verflechtung der virtuellen Inbetriebnahmen mit den einzelnen Projekten vor, im Laufe derer eine Inbetriebnahme digital abgesichert werden soll. Eine virtuelle Inbetriebnahme wird dabei speziell für eine in Planung befindliche Förderanlage realisiert. Hierfür ist eine detaillierte Modellierung der Förderanlage notwendig, was jedoch bei komplexen Förderanlagen sehr aufwändig ist. Der Aufwand ist bedingt durch die Komplexität und den hohen Automatisierungsgrad der Originalsysteme. Er lässt sich zudem nicht einfach reduzieren, ohne dabei auch die Abbildungstreue des Simulationsmodells zu verringern. Über das Projektvolumen muss die Erstellung eines Simulationsmodells finanziert werden, welches oftmals bei Folgeprojekten nur bedingt wiederverwendbar ist. Dadurch ist die virtuelle Inbetriebnahme komplexer Förderanlagen stark auf Großprojekte ausgelegt, die noch technologische Unwägbarkeiten beinhalten und deren Planung teilweise mehrere Jahre vor Inbetriebnahme beginnt (vgl. [150]). Es fehlen bis jetzt Kon-

---

[4]Allein bei fahrerlosen Transportsystemen wurden in 2007 von europäischen Herstellern mehr als 1000 Fahrzeuge und nahezu 200 Anlagen realisiert [136].

zepte, welche die virtuelle Inbetriebnahme aus dieser projektbezogenen Anwendung lösen.

- **Durchführung der virtuellen Inbetriebnahme durch Simulationsexperten**
  Die bisher bekannten Anwendungsbeispiele der virtuellen Inbetriebnahme auf Zellen- und Maschinenebene setzen den Einsatz von Simulationsexperten voraus. Insbesondere für die benötigte detaillierte Modellbildung und die Beherrschung der Simulationswerkzeuge ist Spezialwissen erforderlich. Dieses Spezialwissen im Bereich der Simulationstechnik liegt in einer vom Anwendungsbezug abgetrennten Wissensdomäne. Kenntnisse über den Aufbau und die Funktionsweise des jeweils in Betrieb zu nehmenden Systems sowie der eingesetzten Automatisierungstechnik sind für den Modellerstellungsprozess zwar notwendig, aber keinesfalls ausreichend. Erst nach dem Aufbau eines funktionsfähigen Simulationssystems treten wieder problembezogene Kenntnisse in den Vordergrund, wenn im Rahmen der virtuellen Inbetriebnahme z. B. Steuerungsprogramme erstellt und verifiziert werden müssen. Systeme, die eine virtuelle Inbetriebnahme ohne spezielle Kenntnisse im Bereich Modellbildung und Simulation ermöglichen und somit in der ursprünglichen Wissensdomäne der realen Inbetriebnahme arbeiten, sind bisher nicht bekannt.

1.4. Ziele und Aufgaben

Ziel dieser Arbeit ist die Realisierung einer virtuellen Inbetriebnahme von komplexen Förderanlagen am Beispiel von Elektrohängebahnen und fahrerlosen Transportsystemen. Im Fokus stehen anlagenspezifische Herausforderungen während der realen Inbetriebnahme, so dass die Leitebene weitgehend unberücksichtigt bleibt. Betrachtet wird die Zellen- und Maschinenebene, auf der die anlagenspezifischen Probleme auftreten.

Ein weiteres Ziel besteht darin, die virtuelle Inbetriebnahme der Förderanlagen in einen produktbegleitenden Kontext zu stellen. Die virtuelle Inbetriebnahme ist dabei nicht auf ein bestimmtes Projekt ausgerichtet, in dessen Verlauf eine komplexe Förderanlage in Betrieb genommen wird. Vielmehr findet eine klare Produktorientierung statt, d. h. die virtuelle Inbetriebnahme soll für die Förderanlage als Produkt ermöglicht werden, das im Rahmen kundenspezifischer Projekte vielfältigen Einsatz findet. Im Verantwortungsbereich des Anbieters, der eine Förderanlage offeriert, liegen neben dem herkömmlichen Produkt auch die Werkzeuge zur Durchführung der produktbegleitenden virtuellen Inbetriebnahme. Dem Entwicklungsaufwand für diese Werkzeuge soll durch den produktbegleitenden Ansatz der Nutzen einer dauerhaften Anwendbarkeit der virtuellen Inbetriebnahme über die gesamte Verkaufs- und Nutzungsdauer der Förderanlagen hinweg entgegengestellt werden.

Ebenfalls Ziel der vorliegenden Arbeit ist es, die virtuelle Inbetriebnahme durch eine weitgehend automatische Erstellung der benötigten Simulationsmodelle in die ursprüngliche Wissensdomäne der realen Inbetriebnahme zu verlegen. Aufgrund der komplexen Modellbildung ist eine virtuelle Inbetriebnahme von Förderanlagen bisher auf die Unterstützung durch Simulationsexperten angewiesen. Der angestrebte produktbegleitende Kontext bietet jedoch die Möglichkeit, die Werkzeuge zur virtuellen Inbetriebnahme explizit an den Produkteigenschaften auszurichten. Das dadurch entstehende Potenzial zur Automatisierung der Prozesse soll genutzt werden, um eine Durchführung der virtuellen Inbetriebnahme ohne Expertenwissen im Bereich Modellbildung und Simulation zu ermöglichen.

Zur Realisierung dieser Ziele sind folgende Schritte notwendig:

- Analyse der komplexen Förderanlagen im Hinblick auf eine Adaption der virtuellen Inbetriebnahme an eine produktbegleitende Sichtweise.

- Entwicklung eines neuen Konzeptes zur produktbegleitenden virtuellen Inbetriebnahme der komplexen Förderanlagen.

- Umsetzung des neu entwickelten Konzeptes in Form eines prototypischen Simulationssystems zur Durchführung der virtuellen Inbetriebnahme.

- Nachweis der Anwendbarkeit des erstellen Simulationssystems durch den Einsatz in verschiedenen Inbetriebnahme-Projekten.

Aufgrund der produktbegleitenden Sichtweise wird diese Arbeit in Kooperation mit einem Systemanbieter für Förderanlagen durchgeführt. Die Kenntnisse des Herstellers können dadurch direkt in ein Simulationssystem zur virtuellen Inbetriebnahme einfließen.

Im folgenden Kapitel werden daher zunächst die Systemeigenschaften der betrachteten Förderanlagen analysiert, für die eine virtuelle Inbetriebnahme angestrebt wird. Besonders die Betrachtung der Förderanlagen als Systemlösungen hat entscheidenden Einfluss auf die weitere Vorgehensweise.

Die Systemanalyse der Förderanlagen ist notwendig, um die Konzeption eines Systems zur virtuellen Inbetriebnahme zu erstellen, die im darauffolgenden Kapitel 3 beschrieben wird. Ausgehend von einer Zielvorstellung werden Anwendungsfälle und Anforderungen abgeleitet, die schließlich zu einem Konzept und der Auswahl der zur Realisierung benötigten Softwarewerkzeuge führt.

Kapitel 4 beschreibt die Umsetzung des Konzeptes in Form eines prototypischen Simulationssystems. Geschildert wird dort unter anderem die Modellbildung, die für eine Simulation der Förderanlagen im Rahmen einer virtuellen Inbetriebnahme notwendig ist.

Der Ablauf einer virtuellen Inbetriebnahme mit dem realisierten Simulationssystem wird in Kapitel 5 erläutert sowie der praktische Einsatz der erstellten Anwendung in verschiedenen Projekten vorgestellt. Im letzten Kapitel folgt schließlich die Zusammenfassung der in dieser Arbeit erreichten Ergebnisse.

2. Analyse der betrachteten komplexen Förderanlagen

Für die Realisierung einer virtuellen Inbetriebnahme von komplexen Förderanlagen müssen diese in einem Simulationsmodell nachgebildet werden. Während zur virtuellen Inbetriebnahme auf Leitebene eine abstrakte Modellierung der Förderanlagen, beispielsweise über eine Weg-Zeit-Matrix der Transportvorgänge, ausreichend sein kann, wird bei Betrachtung der Zellen- und Maschinenebene ein detaillierteres Simulationsmodell benötigt. Zur Erstellung des Simulationsmodells sind Kenntnisse der realen Systeme zwingend erforderlich. Auch der als Ziel formulierte produktbegleitende Charakter der virtuellen Inbetriebnahme bedingt eine Betrachtung der zugehörigen Produkte, d. h. der in Betrieb zu nehmenden Förderanlagen.

Im Folgenden werden daher die betrachteten Förderanlagen analysiert und ihre systemspezifischen Eigenschaften vorgestellt. Die Anlagen unterscheiden sich jedoch bezüglich ihrer technischen Ausgestaltung je nach Hersteller, Zielbranche oder Innovationsgrad. Die hier beschriebenen Systeme stellen Produkte und Entwicklungen des Unternehmens dar, mit dessen Kooperation diese Arbeit durchgeführt wurde.

2.1. Förderanlagen als Applikations-Systemlösungen

Obwohl sich die beiden betrachteten Förderanlagen Elektrohängebahn und fahrerloses Transportsystem physikalisch stark unterscheiden, bildet ein Applikations-Systembaukasten im hier geschilderten Fall deren gemeinsame Basis [72, 90]. Der Baukasten enthält neben Antriebskomponenten auch Komponenten zur Energie- und Informationsübertragung sowie ein Steuerungs-

und ein Softwarepaket. Ein konventionelles Dienstleistungspaket zur Unterstützung bei Planung, Projektierung oder Inbetriebnahme komplettiert den Baukasten (Abbildung 2.1). Die einzelnen Produkte und Pakete des Systembaukastens können je nach kundenspezifischer Anforderung zu einer individuellen Applikations-Systemlösung (wie Elektrohängebahn oder fahrerloses Transportsystem) kombiniert werden. Die jeweilige Förderanlage profitiert als Applikations-Systemlösung vor allem von:

- aufeinander abgestimmten Hardware-, Software- und Dienstleistungskomponenten,

- der Verwendung geprüfter Einzelprodukte im Systemverbund,

- einer hohen Anpassungsfähigkeit an Kundenanforderungen durch verschiedene Kombinationsmöglichkeiten der Einzelkomponenten,

- einem übergreifenden Systemkonzept mit standardisierten Schnittstellen.

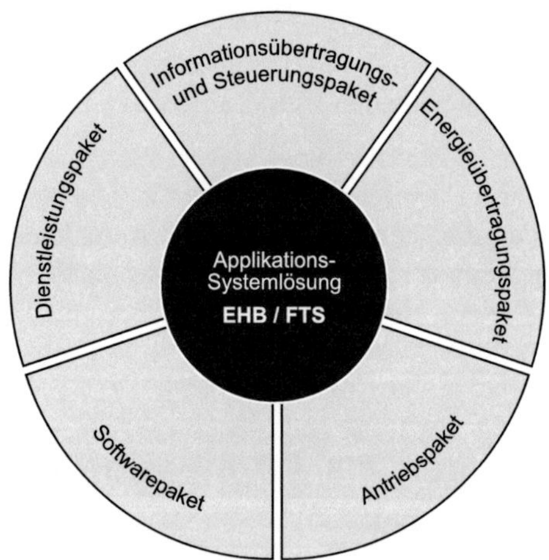

Abbildung 2.1.: Systembaukasten zur Realisierung von Elektrohängebahnen und fahrerlosen Transportsystemen als Applikations-Systemlösungen (vgl. [90]).

Die Applikations-Systemlösungen stellen aus der Sicht des Anlagenbetreibers Komplettlösungen dar, die vom Systemanbieter selbst oder einem zwischengeschalteten Generalunternehmer angeboten werden.

2.2. Verwendete Systemkomponenten

Ein wichtiges Merkmal der Applikations-Systemlösungen Elektrohängebahn und fahrerloses Transportsystem ist deren weitgehende Gleichbehandlung aus steuerungstechnischer Sicht. Das Fahrzeug der Elektrohängebahn ist durch Schienen zwangsgeführt, wobei eine Verzweigung der Fahrstrecke durch gesteuerte Weichen erreicht wird, die kurze Schienenelemente aktiv verschieben [128]. Das FTF bewegt sich entlang einer optischen oder induktiven Leitlinie. Da der Applikations-Systembaukasten bei fahrerlosen Transportsystemen nur eine leitliniengestützte Spurführung unterstützt, werden im Folgenden virtuell geführte Systeme nicht weiter betrachtet. An Abzweigungen oder Einmündungen des Leitliniennetzes, die als passive Weichen angesehen werden können, muss seitens des Fahrzeuges eine Spurführung entlang der aktuell gültigen Leitlinie erfolgen. Der Streckenverlauf lässt sich damit in abstrakter Sicht für beide Systeme als Verbund von unverzweigten Streckenabschnitten und Weichenelementen modellieren. Auch die Anforderungen an die Koordination der beteiligten Fahrzeuge (z. B. Zielfindung, Kollisionsvermeidung, Fließ- oder Taktbetrieb) stimmen größtenteils überein. Beide Systeme wurden daher vom Systemanbieter der Förderanlagen in ein einheitliches Systemkonzept integriert, welches in Abbildung 2.2 zu sehen ist. Dargestellt sind die wichtigsten Komponenten der Förderanlage, ihre Kommunikationswege sowie ihre Einordnung in die verschiedenen hierarchischen Steuerungsebenen. Für die Begriffe *Zellen-* und *Maschinenebene*, welche nur bedingt auf komplexe Förderanlagen anwendbar sind, werden dabei gleichbedeutend die Begriffe *System-* und *Feldebene* verwendet.

2.2.1. Zentrale Steuereinheit

Die Applikations-Systemlösung verfügt über eine zentrale Steuereinheit, im Systemkonzept *Segmentcontroller* (SC) genannt, die für die Steuerung und Verwaltung der jeweiligen Förderanlage auf der Systemebene zuständig ist.

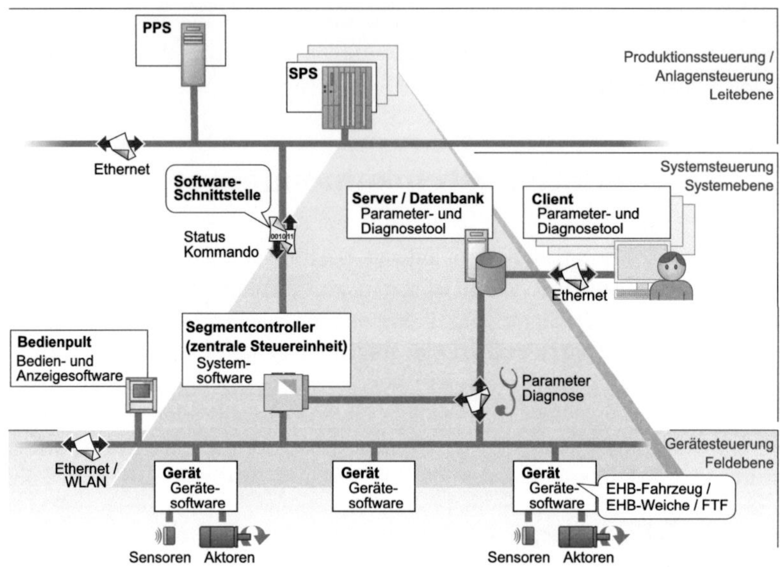

Abbildung 2.2.: Übersicht über das Systemkonzept für Elektrohängebahnen und fahrerlose Transportsysteme (vgl. [96]).

Die von der Steuereinheit ausgeführte Software wird daher auch als Systemsoftware bezeichnet. Der Segmentcontroller übernimmt u. a. folgende Funktionen [90]:

- Streckenmanagement

- Teilstreckensteuerung

- Koordination der Fahrzeuge und ggf. Weichen

- Kommunikation mit benachbarten oder übergeordneten Steuerungen

- Verteilung von Daten an die Systemkomponenten (z. B. aktuelle Parameter, Produktions- und Bauteildaten)

Der Segmentcontroller stellt eine Softwareschnittstelle zur Verfügung. Diese anpassbare Schnittstelle definiert, welche Daten zwischen dem Segmentcontroller und benachbarten oder übergeordneten Steuerungen ausgetauscht

werden. Über die Schnittstelle erfolgt die Anbindung der Förderanlage an eine überlagerte speicherprogrammierbare Steuerung (SPS), an ein Produktionsplanungssystem (PPS) oder an die Steuerung eines zu- oder abführenden Systems. Diese benachbarten oder übergeordneten Steuerungen werden im Folgenden als *externe Steuerungen* bezeichnet, da sie nicht Teil der jeweiligen Applikations-Systemlösung sind.

Die Schnittstelle zu den externen Steuerungen ermöglicht eine Steuerung der Anlage auf hohem Abstraktionslevel. An Übergabestationen kann zum Beispiel ein Wert an den Segmentcontroller übergeben werden, welcher das transportierte Gut beschreibt. Der Segmentcontroller leitet dann eigenständig das Fahrzeug zum vorgegebenen Ziel. Bei Bedarf können über die Softwareschnittstelle auch Streckenabschnitte komplett vom überlagerten System gesteuert werden. Als zentrale Steuereinheit übernimmt der Segmentcontroller dann die Funktion eines Gateways und leitet die externen Kommandos an die Feldebene weiter. Ein direkter Zugriff auf die Feldebene ist jedoch nicht möglich.

2.2.2. Feldgeräte

Die Feldgeräte sind die dezentralen intelligenten Einheiten der Förderanlagen. Sie verfügen über eine Steuerung auf Basis eines Einplatinenrechners mit proprietärem Betriebssystem sowie über Komponenten zur Energieversorgung und zur Kommunikation mit anderen intelligenten Geräten. Über Schnittstellen können verschiedene Sensorsysteme, insbesondere Positionsgeber, an die Feldgeräte angeschlossen werden. Fahrzeuge und Weichen der Elektrohängebahn oder die fahrerlosen Transportfahrzeuge führen einen Antriebsumrichter zur Ansteuerung der am Gerät befindlichen Antriebe mit.

Die Intelligenz der Feldgeräte wird durch die auf den Gerätesteuerungen ablaufende Software ermöglicht, die im Folgenden als *Feldgerätesoftware* oder kurz als *Gerätesoftware* bezeichnet wird. Ausgehend von Kommandos der zentralen Steuereinheit agieren die Feldgeräte in gewissem Umfang selbständig auf Basis der verfügbaren Informationen. Der Segmentcontroller wird dadurch von Steuerungsaufgaben auf niedriger Ebene entbunden. Je nach Art des Feldgerätes übernimmt die Gerätesoftware u. a. folgende Aufgaben:

- Auswertung der Steuerdaten der zentralen Steuereinheit

- Zustandserfassung durch angeschlossene Peripherie

- Berechnung gültiger Steuerdaten je nach lokal erfasstem Zustand

- Ansteuerung der Antriebsumrichter

- Rückmeldung von Prozessdaten an die zentrale Steuereinheit

- Lokale Datenhaltung

Die Einplatinenrechner der intelligenten Feldgeräte verfügen über digitale Ein-/Ausgänge, die von der Gerätesoftware verwaltet werden. Wichtigste Aufgabe der digitalen Ein-/Ausgänge ist die signaltechnische Anbindung von Schaltfunktionen und die Ausgabe von Zustandsinformationen. Bei den hier betrachteten Applikations-Systemlösungen sind vor allem lokale Bedien- und Anzeigeelemente über die digitalen Ein-/Ausgänge angebunden. Hierzu zählen zum Beispiel an den Feldgeräten angebrachte Not-Aus-Schlagtaster, Signallampen sowie Leuchttaster zur manuellen Bedienung.

Die im System verwendeten Feldgeräte können nach ihrem Hauptfokus gruppiert werden (Tabelle 2.1). Zu den Feldgeräten mit dem Hauptfokus Bewegung sind die Fahrzeuge und Weichen der Elektrohängebahn sowie die Fahrzeuge eines FTS zu zählen. Die Informationsverarbeitung steht bei intelligenten E/A-Modulen und Handbediengeräten im Vordergrund, die im Wesentlichen digitale Ein- und Ausgänge verwalten, bzw. für den Bediener zugänglich machen. Als Feldgeräte zum Energiemanagement kommen Module zur intelligenten Energieeinspeisung zum Einsatz. Diese schalten je nach aktuellem Energiebedarf die Energieversorgung für Streckenabschnitte auf volle Leistung oder in einen Modus mit geringerem Energieverbrauch.

Tabelle 2.1.: Feldgeräte im Systemkonzept EHB und FTS.

Hauptfokus	Feldgerät
Bewegung	<ul><li>EHB-Fahrzeug</li><li>EHB-Weiche</li><li>FTS-Fahrzeug</li></ul>
Information	<ul><li>intelligentes E/A-Modul</li><li>lokales Handbediengerät</li></ul>
Energiemanagement	<ul><li>intelligente Energieeinspeisung</li></ul>

2.2.3. Bedienpulte

Die Visualisierung und Beeinflussung des Anlagenzustandes erfolgt über Bedienpulte mit integriertem Touch-Screen. Bei größeren Anlagen werden mehrere Bedienpulte verwendet, wobei jedes einem Teilbereich der Fahrstrecke zugeordnet ist. Sie stellen u. a. den Streckenverlauf und die Positionen der Fahrzeuge vereinfacht dar. Darüber hinaus zeigen die Bedienpulte auftretende Störungen an und ermöglichen eine Diagnose und ggf. Quittierung durch das Bedienpersonal. Am Bedienpult kann die Förderanlage auf automatischen Betrieb geschaltet werden, sowie bei Bedarf in einen Handbetrieb, so dass die Strecke durch manuelle Eingaben am Bedienpult gesteuert werden kann.

2.3. Eingesetztes Softwarekonzept

Die Applikations-Systemlösungen verwenden ein durchgehendes Softwarekonzept, welches die Programmierung einer projektspezifischen Anlagenfunktionalität durch eine Parametrierung[1] ersetzt. Die Software der intelligenten Systemkomponenten ist als Firmware ausgeführt und beinhaltet bereits die für die Applikations-Systemlösung erforderliche Funktionalität. Sie erlaubt eine Definition des jeweiligen Geräteverhaltens über Parameter. So lässt sich zum Beispiel die Fahrstrecke einer EHB oder eines FTS über Parameter in einzelne Teilstrecken unterteilen. Haltepositionen oder Sollgeschwindigkeiten für verschiedene Bereiche der Fahrstrecke können ebenfalls über Parameter festgelegt werden. Projektspezifische Anforderungen, welche die vorhandene parametrierbare Software nicht abdeckt, können durch ein Software-Plug-in erfüllt werden, das die jeweilige System- oder Gerätesoftware ergänzt.

Das zentrale Werkzeug im Softwarekonzept ist eine Parameter- und Diagnosesoftware, die auf einer Client-Server-Architektur basiert [97]. Sie ermöglicht dem Benutzer das Setzen von Parametern sowie eine Überwachung des Anlagenzustandes. Der Server verfügt über eine Datenbank, in der u. a. die gesamten Parameter der jeweiligen Förderanlage zentral verwaltet werden. Mehrere Benutzer können gleichzeitig von verschiedenen Orten aus über eine Client-Anwendung auf den Server zugreifen. In der Client-Anwendung findet die

---

[1]Unter Parametrieren wird hier das Setzen eines Parameters auf einen bestimmten Wert verstanden, während Parametrisieren das Versehen eines Objektes mit Parametern bezeichnet.

Konfiguration und Parametrierung der Anlage statt. In einer Komponenten-
bibliothek ist für jede parametrierbare Systemkomponente ein entsprechendes
Softwareobjekt mit grafischer Oberfläche zur Parametrierung und Diagnose hinterlegt. Aus der Bibliothek wird die aus mehreren dieser Komponenten bestehende Fördertechnik-Applikation zusammengestellt und anschließend parametriert. Abbildung 2.3 zeigt die grafische Oberfläche der Client-
Anwendung mit ausgewähltem Modul zur Parametrierung der Fahrstrecke,
das sowohl für Elektrohängebahnen als auch für fahrerlose Transportsysteme
verwendet wird. Im Hauptbereich des Fensters ist der Streckenverlauf einer
EHB-Anlage mit drei Weichen zu sehen. Die weiteren Symbole repräsentieren
u. a. Handbediengeräte und logische Streckenbereiche, denen ein bestimmtes
Verhalten über Parameter zugeordnet werden kann. Nach einer Änderung der
Parameter in der Client-Anwendung werden diese in der Datenbank des Ser-
vers gespeichert. Erst nachdem die Daten in einem zweiten Schritt an den
Segmentcontroller oder die Feldgeräte übertragen wurden, verhält sich das
System entsprechend den geänderten Parametern. Unterschieden wird dabei
zwischen Geräte- und Systemparametern. Erstere sind gerätespezifisch, d. h.

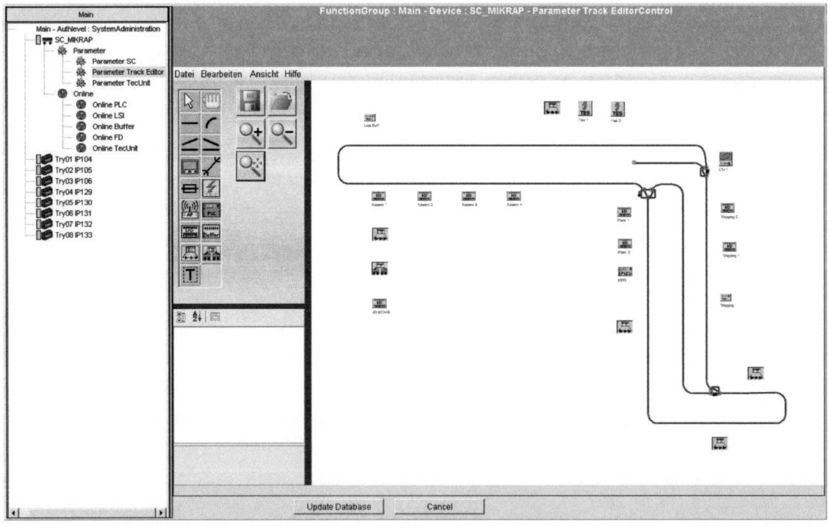

Abbildung 2.3.: Modul zur Streckenparametrierung in der Client-Anwendung des Parameter- und Diagnoseprogrammes.

sie können selbst bei Geräten des gleichen Typs variieren. Systemparameter hingegen beschreiben das System und sind nicht mit einzelnen Geräten verknüpft. So wird zum Beispiel der Streckenverlauf einer Elektrohängebahn oder eines fahrerlosen Transportsystems durch Systemparameter festgelegt, während eine eindeutige Gerätekennung den Geräteparametern zuzuordnen ist.

2.4. Auftretende Kommunikationswege

Der Informationsaustausch zwischen den intelligenten Systemkomponenten der Förderanlage erfolgt über verschiedene Kommunikationswege, wobei jeweils unterschiedliche Nutzdaten übermittelt werden.

Der Server des Parameter- und Diagnoseprogramms kommuniziert mit allen intelligenten Geräten des Systems. In regelmäßigen Abständen werden aktuelle Daten der Geräte durch den Server abgefragt und eventuell verbundenen Client-Anwendungen zu Diagnosezwecken zur Verfügung gestellt. Bei Änderungen an Geräteparametern können diese selektiv in das betroffene Gerät übertragen werden. Systemparameter hingegen übergibt der Server an den Segmentcontroller, der für deren weitere Verteilung zuständig ist.

Der Segmentcontroller als zentrale Steuereinheit erhält Statusinformationen aller ihm zugeordneten Feldgeräte. Die Systemsoftware des Segmentcontrollers berechnet aus dem Anlagenzustand die aktuellen Steuerkommandos, die wieder an die Feldgeräte übermittelt werden. Ein weiterer Kommunikationsweg besteht zwischen dem Segmentcontroller und einer externen Steuerung unter Nutzung der bereits beschriebenen parametrierbaren Softwareschnittstelle.

Die stationären Komponenten sind über ein Netzwerk nach Ethernet-Standard miteinander verbunden. Die Kommunikation mit den mobilen Geräten erfolgt über einen streckengebundenen Nahbereichsfunk auf Basis von Wireless-LAN (WLAN). Entlang der Fahrstrecke ist hierzu ein Leckwellenleiter verlegt, über den das WLAN-Signal mit geringer Sendeleistung abgestrahlt wird. EHB- oder FTS-Fahrzeuge können über eine Antenne die Daten empfangen und an die Steuerung des Fahrzeuges weiterleiten [75]. Die Übertragung der Daten selbst erfolgt mit Hilfe des verbindungslosen *User Datagram Protocol* (UDP), das keinerlei Garantie für den erfolgreichen Versand der Daten bietet [119, 144]. Aufgrund der fehlenden Sicherungsmechanismen wie Datenflusssteuerung oder automatischer Telegrammwiederholung benötigt UDP im Vergleich zum verbindungsorientierten *Transmission Control Protocol* (TCP) weniger Bandbreite. Nachteilig ist, dass eventuell erforderliche Sicherungsmechanismen in die Anwendung selbst integriert werden müssen. Diese können jedoch bei einer zyklischen Prozessdatenübertragung entfallen, da ein fehlerhaft übertragener Prozesswert durch den sofort folgenden aktualisierten Prozesswert überschrieben und damit automatisch korrigiert wird [153].

2.5. Bewertung der Echtzeitfähigkeit

Die Echtzeitfähigkeit des realen Systems hat wesentlichen Einfluss auf die Konzeption eines Systems zu dessen virtueller Inbetriebnahme. Die auf den Einplatinenrechnern der Feldgeräte ablaufende Gerätesoftware sowie die Systemsoftware des Segmentcontrollers erfüllen lediglich *weiche Echtzeitbedingungen*. Dies bedeutet, dass Zeitbedingungen für den überwiegenden Teil der Fälle erfüllt werden, sich aber auch geringfügige Überschreitungen der Zeitbedingungen ergeben dürfen [165].

In Abbildung 2.4 ist für die Gerätesoftware eines FTF die relative Häufigkeit der Zykluszeiten dargestellt, basierend auf einer Messung von 20 000 Programmzyklen. Die Zykluszeit ist dabei die Zeitdauer, die vergeht, bis eine zyklisch aufgerufene Funktion in der Gerätesoftware erneut erreicht wird. Im Diagramm zeigt sich die weiche Echtzeitfähigkeit in der breiten Streuung der auftretenden Zykluszeiten. Der Mittelwert der Zykluszeit beträgt 17,8 ms. Die erste Kuppe der Verteilung im Bereich von 13-18 ms ist als Grundzyklus zu deuten, in dem standardmäßig auszuführende Rechenoperationen als eine Art Grundlast vorherrschen. Im Bereich um 26 ms und 36 ms sind weitere, abgeschwächte Kuppen zu sehen. Diese resultieren aus regelmäßig auftretendem höheren Rechenbedarf, z. B. um die über Ethernet empfangenen Steuerdaten der zentralen Steuereinheit der Anlage auszuwerten.

Die verwendete Netzwerktechnik zwischen den Systemkomponenten bietet ebenfalls keine harte Echtzeitfähigkeit. Um trotzdem einen sicheren und stabilen Anlagenlauf zu gewährleisten, werden diverse Kontroll- und Sicherheitsmechanismen verwendet. Zu ihnen zählen vor allem Time-out-Überwachungen, die im Fehlerfall, wie beispielsweise beim Ausfall einer Komponente oder

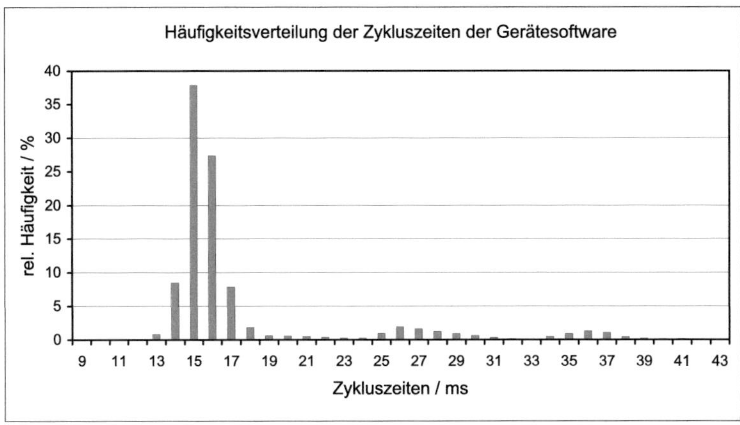

Abbildung 2.4.: Relative Häufigkeitsverteilung der Zykluszeiten der Gerätesoftware eines FTF auf der Originalplattform (80186-kompatibler
16-Bit-Prozessor, 96Mhz). Gemessene Zyklen: 20 000.

bei einer Kommunikationsstörung, die Anlage in einen sicheren Zustand brin-
gen.

2.6. Ergebnisse der Analyse

Nach der Analyse der betrachteten komplexen Förderanlagen können zusammenfassend folgende Eigenschaften benannt werden, welche eine Adaption der
virtuellen Inbetriebnahme an eine produktbegleitende Sichtweise wesentlich
beeinflussen:

- Verteilte Intelligenz
  Die Förderanlagen zeichnen sich durch eine Systemstruktur mit verteilter Intelligenz aus. Die zur Erzeugung der Anlagenfunktion notwendigen
  Entscheidungen werden sowohl von der zentralen Steuereinheit als auch
  von den einzelnen Feldgeräten getroffen.

- Systemkonzept
  Die Förderanlagen Elektrohängebahn und fahrerloses Transportsystem

präsentieren sich als Systemlösungen, die in einen applikationsübergreifenden Systembaukasten integriert sind. Der Systembaukasten enthält bereits Dienstleistungspakete, die u. a. eine klassische Inbetriebnahmeunterstützung umfassen. Ein Großteil des Systembaukastens wird für beide Anlagentypen eingesetzt.

- Softwarekonzept
  Das verwendete Softwarekonzept ist ein integraler Bestandteil des Systembaukastens der Förderanlagen. Da die Programmierung der Anlagenfunktionalität durch eine Parametrierung ersetzt wird, übernimmt ein bestehendes Parameter- und Diagnoseprogramm die Rolle als zentrales Werkzeug der steuerungstechnischen Inbetriebnahme.

- Echtzeitfähigkeit
  Im Gegensatz zu klassischen SPS-gesteuerten Systemen erfolgt die Steuerung der Förderanlagen hier unter weichen Echtzeitbedingungen. Dies ist möglich, da keine hochdynamischen Steuerungsaufgaben zu lösen sind. Ein sicherer Anlagenlauf wird über Kontroll- und Sicherheitsmechanismen gewährleistet.

Auf der Analyse aufbauend folgt im nächsten Kapitel die Konzeption eines Simulationssystems, dass die virtuelle Inbetriebnahme der betrachteten Förderanlagen ermöglicht.

3. Konzeption eines neuen Systems zur virtuellen Inbetriebnahme

Die Konzeption eines Systems zur virtuellen Inbetriebnahme von Förderanlagen wird durch verschiedene Faktoren beeinflusst. Die virtuelle Inbetriebnahme als Methode im Übergangsbereich zwischen digitaler und realer Fabrik bietet Nutzenpotenziale, die auch für die hier betrachteten komplexen Förderanlagen zu realisieren sind. Das Ziel, die virtuelle Inbetriebnahme in einen produktbegleitenden Kontext zu stellen, beeinflusst ebenfalls das zu entwerfende Konzept maßgeblich.

3.1. Definition der Zielvorstellung einer produktbegleitenden virtuellen Inbetriebnahme

Durch die Betrachtung der virtuellen Inbetriebnahme in einem produktbegleitenden Kontext soll sich diese von einer projektbezogenen Spezialanwendung hin zu einer Dienstleistung wandeln, die begleitend zur klassischen Projektabwicklung angeboten werden kann. Bei konkreten Inbetriebnahme-Projekten muss der Entwicklungs- und Modellieraufwand zur Erstellung eines Simulationsmodells deutlich zu Gunsten einer projektspezifischen Konfigurationstätigkeit zurücktreten. Dies wird dadurch erreicht, dass die Werkzeuge zur Durchführung der virtuellen Inbetriebnahme explizit an den in Betrieb zu nehmenden Förderanlagen ausgerichtet sind.

Die virtuelle Inbetriebnahme wird dadurch ein Teil der produktbegleitenden Dienstleistungen. Rainfurth definiert eine produktbegleitende Dienstleistung als eine Dienstleistung, die von produzierenden Unternehmen zusammen mit dem Produkt zur Problemlösung der Kunden erbracht wird [118]. Das Produkt, auf das sich die Dienstleistung bezieht, wird dabei als *Primärprodukt* bezeichnet [58, 139].

Die Notwendigkeit, produktbegleitende Dienstleistungen stärker in das Leistungspaket von Produktionsunternehmen zu integrieren, wurde bereits in [94] erkannt. In Abbildung 3.1 ist dargestellt, wie dieser Grundgedanke auf den konkreten Fall der virtuellen Inbetriebnahme von Förderanlagen übertragen wird. Die Förderanlage und die produktbegleitende virtuelle Inbetriebnahme bilden als Zielvorstellung ein aufeinander abgestimmtes Leistungspaket, das während des gesamten Produktlebenszyklus zur Anwendung in kundenspezifischen Projekten bereitsteht. Die virtuelle Inbetriebnahme wird für das Primärprodukt realisiert und anschließend projektbezogen angewendet. Ressourcen und Know-how aus der Entwicklung des Primärproduktes fließen dabei direkt in das Paket zur Durchführung der entsprechenden virtuellen Inbetriebnahme ein. Für den Kunden steht ein Gesamtpaket aus Produkt und Dienstleistung zur Verfügung, um die mit der Inbetriebnahme verbundenen Risiken zu minimieren.

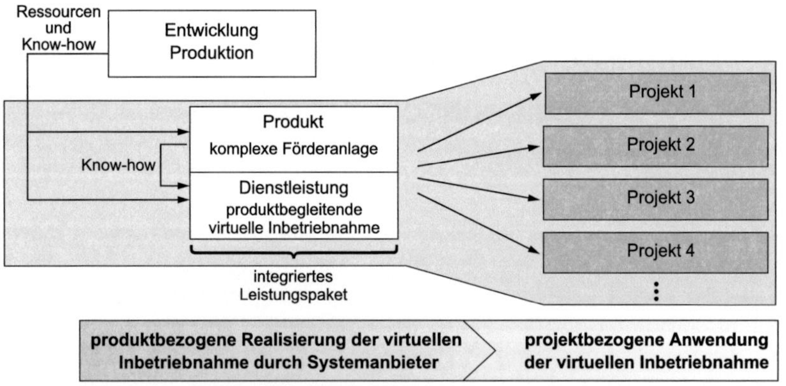

Abbildung 3.1.: Zielvorstellung der produktbegleitenden virtuellen Inbetriebnahme als Teil eines integrierten Leistungspaketes (in Anlehnung an [94]).

3.2. Erweiterung des Applikations-Systembaukastens

Die in der vorliegenden Arbeit betrachteten Förderanlagen sind in ein einheitliches Systemkonzept integriert. Sowohl Elektrohängebahnen als auch fahrerlose Transportsysteme sind als Applikations-Systemlösungen konzipiert, deren Basis ein gemeinsamer Systembaukasten ist (siehe Abschnitt 2.1). Der Systembaukasten stellt standardisierte Pakete zur Verfügung. Da jedes Paket wiederum verschiedene Auswahloptionen bietet, ergibt sich allein unter dem Gesichtspunkt der verwendeten technischen Komponenten eine Vielzahl an Kombinationsmöglichkeiten. Um trotz der großen Vielfalt eine produktbegleitende virtuelle Inbetriebnahme der Förderanlagen zu erreichen, ist eine Erweiterung des Applikations-Systembaukastens um ein Paket zur Simulation und virtuellen Inbetriebnahme erforderlich. Dieses Paket muss sich in den Systembaukasten integrieren und die notwendigen Werkzeuge enthalten, um für die Systemlösungen (EHB und FTS) eine virtuelle Inbetriebnahme ermöglichen. Abbildung 3.2 zeigt schematisch die Erweiterung des bestehenden Applikations-Systembaukastens. Die untergliedert dargestellten Hauptmerkmale des neu zu entwickelnden Paketes werden im weiteren Verlauf dieses Kapitels hergeleitet und insbesondere in Abschnitt 3.6 konzeptionell umgesetzt. Durch die Betrachtung der virtuellen Inbetriebnahme als Erweiterung des Applikations-Systembaukastens wird sie zu einem Teil der zu realisierenden Systemlösung. Bezeichnend für diese Integration sind die Schnittstellen zu den anderen Paketen. Durch die Verwendung realer Steuerungsprogramme zur virtuellen Inbetriebnahme (vgl. Abschnitt 1.2.3) existieren insbesondere Schnittstellen zum Steuerungs- und zum Softwarepaket.

Durch die mit dem Systembaukasten einhergehende Standardisierung ergibt sich das Potenzial, die Werkzeuge zur virtuellen Inbetriebnahme explizit auf den Baukasten abzustimmen. Dies erleichtert eine Automatisierung der Prozesse, z. B. durch eine automatische Erstellung der benötigen Simulationsmodelle, und damit den Einsatz der virtuellen Inbetriebnahme als produktbegleitende Dienstleistung.

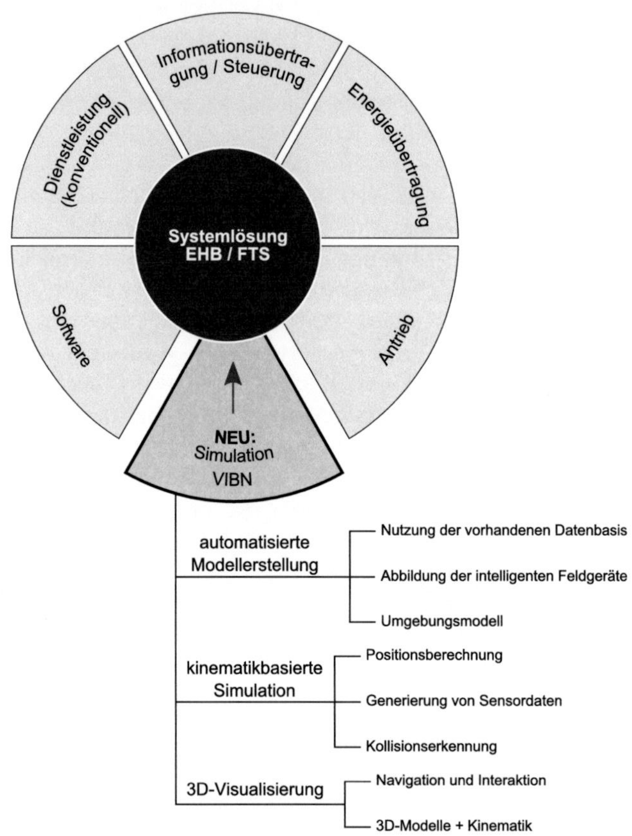

Abbildung 3.2.: Erweiterung des Applikations-Systembaukastens um ein neues Paket zur Simulation und virtuellen Inbetriebnahme (vgl. [90]).

3.3. Definition von Anwendungsfällen

Produktbegleitende Dienstleistungen können im Anlagenbau während aller Phasen der Interaktion mit dem Kunden erbracht werden (vgl. [118]):

- In der *Kontaktphase*, in der ein Kunde über den Kauf einer Förderanlage nachdenkt und Entscheidungen trifft.

- In der *Investitionsphase*, in der ein Kunde zwar die Kaufentscheidung getroffen hat, aber die Förderanlage noch nicht in sein Eigentum übergegangen ist.

- In der *Nutzungsphase*, d. h. während des aktiven Gebrauchs der Förderanlage in der Verantwortung des Betreibers.

- In der *Desinvestitionsphase*, wenn eine Förderanlage das Ende der Betriebsdauer erreicht hat.

Die Verwendung eines Simulationssystems zur virtuellen Inbetriebnahme der Förderanlagen ist nicht nur auf die Investitionsphase beschränkt, in der auch die reale Inbetriebnahme stattfindet. Wichtige Anwendungsfälle ergeben sich ebenfalls in der Kontakt- und Nutzungsphase sowie im Rahmen der Produktentwicklung beim Systemanbieter der Förderanlagen. Insgesamt werden vier Anwendungsfälle für ein System zur produktbegleitenden virtuellen Inbetriebnahme definiert. Abbildung 3.3 zeigt die vier Anwendungsfälle, die in den folgenden Abschnitten näher erläutert werden, sowie die jeweils beteiligten Akteure.

3.3.1. Unterstützung der Inbetriebnahme

Der zentrale Anwendungsfall ist die Inbetriebnahmeunterstützung für Elektrohängebahnen und fahrerlose Transportsysteme. Er umfasst dabei sowohl die Erstinbetriebnahme neuer Anlagen in der Investitionsphase als auch eine Wiederinbetriebnahme bestehender Anlagen in der Nutzungsphase, z. B. nach Umbaumaßnahmen.

Durch das verwendete Softwarekonzept, das eine Parametrierung der Anlagenfunktionalität vorsieht, verändern sich jedoch die Anforderungen an den Inbetriebnehmer der Förderanlagen. Das Erstellen von Programmcode zur

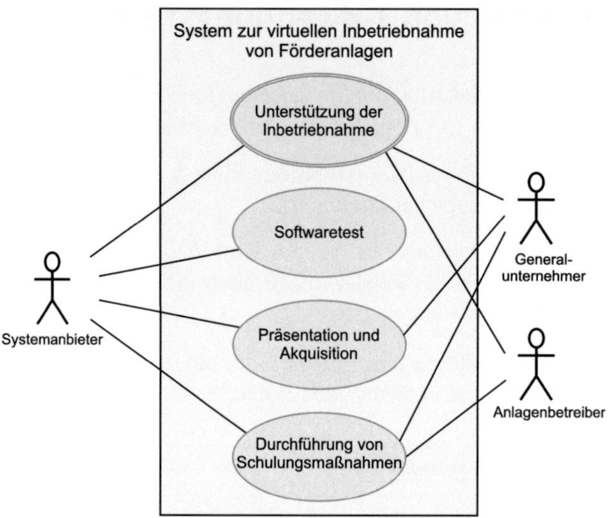

Abbildung 3.3.: Anwendungsfälle des Systems zur virtuellen Inbetriebnahme und beteiligte Akteure.

korrekten Steuerung des Systemverhaltens ist nicht mehr Hauptschwerpunkt
der steuerungstechnischen Inbetriebnahme. Stattdessen muss im Rahmen der
Parametrierung eine Vielzahl von Werten so gesetzt werden, dass sich das
gewünschte Anlagenverhalten einstellt [72, 73]. Besonders die Parametrierung
des Streckenverlaufes einer Elektrohängebahn oder eines fahrerlosen Transportsystems, die das steuerungstechnisch relevante Abbild der realen Anlage
erzeugt, stellt eine kritische Phase dar. Die Fahrstrecke wird dabei in logische
Unterabschnitte gegliedert, welche die zentrale Steuereinheit verwaltet und
koordiniert. Eine fehlerhafte Parametrierung führt zu einem suboptimalen
Anlagenbetrieb. Falls die einzelnen Werte einen inkonsistenten Parametersatz bilden, ist die Betriebsbereitschaft der Förderanlagen nicht gegeben, da
die Steuerung der Anlage auf Basis dieser Parameter nicht möglich ist.

Die bereits geschilderte Grundidee der virtuellen Inbetriebnahme (vgl. Abbildung 1.11) basiert auf der frühzeitigen Erstellung und dem Test von Steuerungssoftware mit Hilfe eines Simulationsmodells. Abgesehen von eventuell
geforderten projektspezifischen Funktionen ist jedoch beim hier eingesetzten

Softwarekonzept die gesamte Steuerungssoftware bereits im Systembaukasten vorhanden. Es ergibt sich somit eine angepasste Form der virtuellen Inbetriebnahme, welche in Abbildung 3.4 gezeigt ist. Im Gegensatz zur allgemeinen Grundidee steht dabei die Parametrierung der Förderanlagen im Vordergrund. Mit Hilfe eines Simulationsmodells ist im Vorfeld der realen Inbetriebnahme schon ein Parametersatz zu bestimmen, der die gewünschte Anlagenfunktionalität erzeugt. Die während der realen Inbetriebnahme anfallende Tätigkeit der Parametrierung des Anlagenverhaltens soll dadurch in eine frühere Projektphase vorverlegt werden. Der dabei bestimmte Parametersatz kann bereits am Simulationsmodell verifiziert und für die reale Förderanlage verwendet werden. Während der realen Inbetriebnahme ist im Optimalfall lediglich eine Feinanpassung des Parametersatzes aufgrund der begrenzten Abbildungstreue des Simulationsmodells notwendig [72, 73].

In diesem Anwendungsfall kommt nicht ausschließlich der Systemanbieter als Akteur in Frage (vgl. Abbildung 3.3). Die Inbetriebnahme kann komplett in dessen Verantwortungsbereich liegen, so dass die Durchführung einer virtuellen Inbetriebnahme als Teil des vereinbarten Dienstleistungspaketes zu sehen ist. Ist ein Generalunternehmer (GU) involviert, der als Hauptverantwortlicher gegenüber dem Anlagenbetreiber auftritt und die Systemkomponenten vom Systemanbieter bezieht, so erhält er mit dem Applikations-Systembaukasten auch die Möglichkeit, für den Endkunden eine virtuelle Inbetriebnahme der projektierten Förderanlage durchzuführen. Als dritter mög-

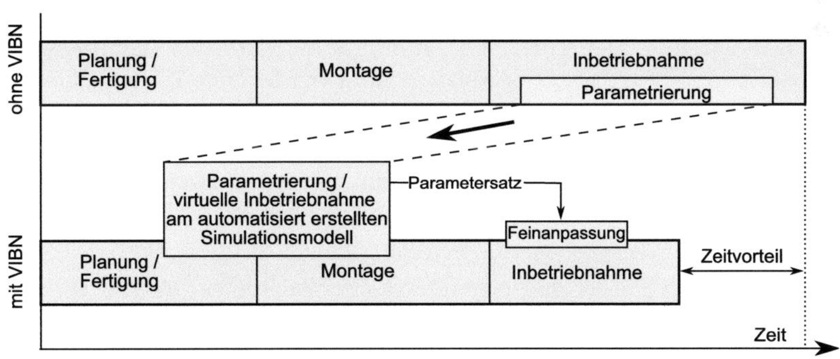

Abbildung 3.4.: Virtuelle Inbetriebnahme zur Bestimmung eines Parametersatzes für die reale Förderanlage (vgl. [160]).

licher Akteur ist der Anlagenbetreiber selbst zu sehen. Ihm steht eine funktionsfähige virtuelle Förderanlage für die frühzeitige Realisierung der steuerungstechnischen Anbindung der Anlage an die umgebenden oder überlagerten Systeme zur Verfügung. Zudem kann der Anlagenbetreiber Änderungen am Layout oder Verhalten einer existierenden Anlage durch den Simulationseinsatz eigenhändig absichern.

3.3.2. Softwaretest

Das System zur virtuellen Inbetriebnahme kann neben der Inbetriebnahmeunterstützung auch zum Test der verschiedenen Softwarekomponenten der Förderanlagen eingesetzt werden. Hierzu zählen in erster Linie die Systemsoftware der zentralen Steuereinheit und die Gerätesoftware der Feldgeräte. Die Programmierung dieser Software liegt dabei allein im Verantwortungsbereich des Systemanbieters, während der Anwender nur durch die vom Entwickler zur Verfügung gestellten Parameter Einfluss auf das Geräte- und Anlagenverhalten nimmt. Neu benötigte Funktionen müssen jedoch vom Systemanbieter programmiert und in die Software eingepflegt werden. Für einen realitätsnahen Test der Software während der Weiterentwicklung sind möglichst Parametersätze zu verwenden, wie sie bei realen Förderanlagen auftreten. Viele Funktionen der Software sind zudem schwer testbar, wenn kein Zusammenspiel aller intelligenten Komponenten der Förderanlage unter realitätsnahen Bedingungen vorliegt.

Eine Nachbildung realer Anlagen im Rahmen der virtuellen Inbetriebnahme kann somit vom Systemanbieter selbst genutzt werden, um die parametrierbare Software mit Hilfe wirklichkeitsgetreuer Parameter und Prozessdaten auf Fehler zu überprüfen. Struktur- und Funktionstests am Gesamtsystem, die bisher an realen Versuchsanlagen durchgeführt werden, können mit Hilfe des Simulationsmodells erfolgen. Insbesondere der aufgrund des Platz- und Materialbedarfs begrenzte Umfang der Versuchsanlagen ist durch die Nutzung virtueller Modelle beträchtlich erweiterbar. Als Strukturtests kommen beim vorliegenden Applikations-Systembaukasten vorwiegend Belastungstests der Benutzerschnittstellen, insbesondere des Parameter- und Diagnoseprogrammes, zum Einsatz. Zu den durchgeführten Funktionstests zählen Anforderungs- und Fehlerbehandlungstests, bei denen die als korrekt spezifizierte Anlagenfunktion unter festgelegten Testbedingungen sowie bei herbeigeführten Fehlerzuständen überprüft wird.

3.3.3. Präsentation und Akquisition

Ein Nutzenpotenzial der virtuellen Inbetriebnahme ist die Verwendung der Simulationsmodelle zu Präsentationszwecken während der Kontaktphase. Bereits hier soll es möglich sein, einem potenziellen Anlagenbetreiber ein im Grundsatz funktionsfähiges virtuelles Pendant der geplanten Anlage vorzuführen. Die realitätsnahe Visualisierung einer Elektrohängebahn oder eines fahrerlosen Transportsystems im Rahmen der virtuellen Inbetriebnahme bietet einen hohen Bezug zur geplanten Anlage und zur genutzten Steuerungstechnik. Durch die Verwendung der Original-Steuerungssoftware und – im Falle der Hardware-in-the-loop-Simulation – realer Hardwarekomponenten kann bereits die Leistungsfähigkeit der angebotenen Systemlösung aufgezeigt werden. Die virtuelle Inbetriebnahme stellt aus Sicht des Interessenten eine zusätzliche Qualifikation des Anbieters dar, die Inbetriebnahme der Förderanlage im Vorfeld abzusichern und einen reibungslosen Inbetriebnahmeverlauf zu gewährleisten. Dies entspricht im Vergleich zu konkurrierenden Angeboten ohne Möglichkeit einer virtuellen Inbetriebnahme einem Wettbewerbsvorteil, der mitunter entscheidend für die Akquisition des Kunden bzw. des Projektvorhabens sein kann.

3.3.4. Durchführung von Schulungsmaßnahmen

Durch die Verwendung der Original-Bedienpulte während der virtuellen Inbetriebnahme der Förderanlagen soll es möglich sein, effiziente Schulungsmaßnahmen mit Hilfe des virtuellen Anlagenmodells durchzuführen. Das für die reale Anlage zuständige Bedienpersonal kann damit bereits im Vorfeld den Umgang mit dem System erlernen. Am Simulationsmodell können gefahrlos Anlagenparameter verändert oder bestimmte Fehlerzustände erzeugt werden, die einen Eingriff des Bedienpersonals zur Abhilfe erfordern. Anhand der virtuellen Anlage kann somit das zuständige Personal auf mögliche Probleme oder Fehlerzustände sowie deren Behebung vorbereitet werden.

3.4. Spezifikation von Anforderungen

Im Folgenden werden die Anforderungen an das zu konzipierende System spezifiziert. Sie ergeben sich primär aus den oben definierten Anwendungsfällen und der Zielvorstellung einer produktbegleitenden virtuellen Inbetriebnahme.

3.4.1. Nachbildung des Anlagenverhaltens

Im Hauptfokus der virtuellen Inbetriebnahme steht der Segmentcontroller als zentrale Steuereinheit der Applikations-Systemlösung, welche die Koordination der Förderanlage übernimmt. Um einen sicheren Betrieb der Anlage zu gewähren und die Transportaufgaben zu erfüllen, ist eine komplexe Logik erforderlich. Die Steuerungslogik ist in der Systemsoftware des Segmentcontrollers abgebildet. Sie greift auf die Parameter zurück, die durch den Benutzer eingegeben wurden und welche die Förderanlage steuerungstechnisch beschreiben.

Zur Verifikation des verwendeten Parametersatzes und zum Test der Steuerungslogik des Segmentcontrollers ohne Nutzung einer realen Förderanlage ist eine Nachbildung des Anlagenverhaltens in einem Simulationsmodell notwendig. Die Systemsoftware des Segmentcontrollers soll unverändert zur Steuerung der simulierten Förderanlage verwendbar sein. Das Simulationsmodell der Förderanlage muss aus den Steuerkommandos des Segmentcontrollers und dem simulierten Anlagenverhalten realitätskonforme Prozessdaten generieren, aus denen die Systemsoftware des Segmentcontrollers wiederum aktualisierte Steuerkommandos berechnet.

Auch eine Interaktion mit der simulierten Förderanlage zur Unterstützung der Inbetriebnahme ist erforderlich. Für die Inbetriebnahme und den Betrieb relevante manuelle Tätigkeiten an der realen Anlage müssen auch an dessen Simulationsmodell durchführbar sein. Hierzu zählt beispielsweise das manuelle Verschieben von EHB- oder FTS-Fahrzeugen. Diese Tätigkeiten beeinflussen den Anlagenzustand und müssen somit von der zentralen Steuereinheit korrekt verarbeitet werden.

3.4.2. Abbildung des Softwarekonzeptes

Das für die Förderanlagen verwendete Konzept der Parametrierung der Anlagenfunktionalität ist auch für eine entsprechende virtuelle Inbetriebnahme umzusetzen. Die Parametrierung ist wesentlicher Bestandteil der realen Inbetriebnahme. Das Parametrieren einer realen und einer in einem Simulationsmodell nachgebildeten Förderanlage darf sich in der Vorgehensweise nicht unterscheiden. Das Parameter- und Diagnoseprogramm als zentrales Werkzeug zur Konfiguration der Förderanlagen muss auch für die Parametrierung und Diagnose der simulierten Anlage anwendbar sein. Durch die Verwendung der Originalwerkzeuge zeigt sich die Integration der virtuellen Inbetriebnahme in den Applikations-Systembaukasten. Dadurch werden nicht nur realistische Schulungsmaßnahmen möglich, sondern die simulierte Förderanlage kann auch zum Funktionstest des Parameter- und Diagnoseprogramms verwendet werden.

3.4.3. Automatisierte Erstellung des Simulationsmodells

Zum Zeitpunkt der Auftragsvergabe sind in der Regel bereits Materialflussuntersuchungen an der geplanten Förderanlage erfolgt. Durch die Betrachtung verschiedener Auslegungsvarianten ist die zu verwendende Fördertechnik bestimmt. Moderne Softwarewerkzeuge zur Materialflusssimulation ermöglichen die Optimierung von materialflusstechnischen Planungsparametern wie der Anzahl der benötigten Förderer, der Positionierung und Dimensionierung von Puffer- und Arbeitsbereichen oder der Dispositionsstrategie [41, 64, 98]. Das Ergebnis ist ein Anlagenlayout, das an die Produktionsumgebung angepasst ist und den Ansprüchen des berechneten Materialflusses genügt.

Das in Form von CAD-Daten vorliegende Anlagenlayout ist die Basis für die Konfiguration der entsprechenden Applikations-Systemlösung mit dem Parameter- und Diagnoseprogramm des Systembaukastens. Daten der Förderanlage, insbesondere die gesamte Fahrstrecke der Transportfahrzeuge, werden im Parameter- und Diagnoseprogramm hinterlegt (vgl. Abbildung 2.3). Ausgehend von den vorhandenen Daten muss für den produktbegleitenden Einsatz der virtuellen Inbetriebnahme die automatisierte Erstellung eines Simulationsmodells der jeweiligen Förderanlage erfolgen. Diese Forderung nach einer automatisierten Modellerstellung ist auf die vom hier betrachteten Systembaukasten unterstützten Förderanlagen begrenzt (vgl. [121, 140]).

Durch die automatisierte Modellbildung soll einerseits die benötigte Zeitdauer zur Erstellung des Simulationsmodells für ein konkretes Inbetriebnahme-Projekt wesentlich verkürzt werden. Zum anderen bietet die automatisierte Modellbildung das Potenzial, eine virtuelle Inbetriebnahme ohne Spezialkenntnisse der Modellbildung und Simulation durchzuführen.

3.4.4. Geringe Kostenwirkung

Für das System zur virtuellen Inbetriebnahme der Förderanlagen wurden Anwendungsfälle definiert, bei denen der Systemanbieter, der Anlagenbetreiber oder ein zwischengeschalteter Generalunternehmer als Anwender des Systems auftritt.

Soll die virtuelle Inbetriebnahme als produktbegleitende Methode angeboten werden, so muss der Anwender sie auch bei der Inbetriebnahme einer einzelnen Förderanlage aus dem Applikations-Systembaukasten ohne deutliche Mehrkosten einsetzen können. Durch die Anbindung an den Systembaukasten ist das System nicht für beliebige Förderanlagen einsetzbar. Eventuell liegen bei den Anwendern auch mehrere Monate zwischen Inbetriebnahme-Projekten mit entsprechenden Einsatzmöglichkeiten. Hohe Erstanschaffungskosten für den Einsatz des Simulationssystems sind daher nicht vertretbar und würden die Akzeptanz des Systems beträchtlich schmälern.

Um das System im Sinne eines Standardwerkzeugs während der Projektabwicklung anwenden zu können, darf darüber hinaus zur Simulation der realen Förderanlage keine Spezialhardware notwendig sein. Diese wirkt als Kostentreiber und würde das System zur virtuellen Inbetriebnahme an einzelne, speziell ausgestattete Arbeitsplätze binden.

3.4.5. Visualisierung als 3D-Modell

Zur Visualisierung des Anlagenzustands ist die simulierte Förderanlage als dreidimensionales Modell darzustellen. Dadurch wird dem Anwender ein realitätsnahes Bild der Anlage vermittelt. Grundsätzliche Ziele der Visualisierung sind eine hohe Anschaulichkeit des Modells und die Bildung einer gemeinsamen Kommunikationsgrundlage der beteiligten Personen [102].

Die 3D-Visualisierung ermöglicht eine klare Unterscheidung zwischen dem Anlagenzustand aus steuerungstechnischer Sicht und dem simulierten „echten" Zustand. Die dreidimensionale Visualisierung repräsentiert den für den Anwender vor Ort erkennbaren Anlagenzustand (insbesondere die Fahrzeugpositionen). Die Diagnosefunktionen der Förderanlage stellen lediglich den Zustand dar, welcher der zentralen Steuereinheit bekannt ist. Dieser kann aber aufgrund verschiedener Einflüsse von dem durch das Simulationsmodell vorgegebenen Zustand abweichen.

Wird das System zu Schulungszwecken eingesetzt, so können die Auswirkungen der Parametrierung auch Anwendern verdeutlicht werden, die wenig technisches Verständnis der realen Förderanlage mitbringen. Die Funktionsweise der Förderanlage und Handlungsabläufe zu deren Bedienung können bereits durch die dreidimensionale Darstellung veranschaulicht werden, so dass beim Übergang zur realen Anlage bereits erste Erfahrungen vorhanden sind. Bei Präsentationen, z. B. zur Unterstützung von Vertriebsprozessen, sind 3D-Visualisierungen ebenfalls vorteilhaft. Hier werden dreidimensionale Animationen eindeutig bevorzugt, was Spieckermann darauf zurückführt, dass die Akzeptanz der Darstellungen mit zunehmender grafischer Verfeinerung zunimmt [142].

3.5. Wirtschaftlichkeitsbetrachtung

Die Bestimmung der Wirtschaftlichkeit einer virtuellen Inbetriebnahme gestaltet sich schwierig, da bei einem konkreten Projekt der direkte Vergleich des Vorgehens mit und ohne virtuelle Inbetriebnahme nicht möglich ist. Somit kann keine vergleichende Messung von Qualität und Zeit erfolgen [161].

Eine Methode zur Bewertung des Aufwand-Nutzen-Verhältnisses eines VIBN-Projektes präsentiert Wünsch [160, 162]. Wesentliche Einflussgröße für den Aufwand ist dabei die Komplexität des abzubildenden Systems. Messgrößen hierfür lassen sich aus der inneren Komplexität (Peripherie- sowie Materialfluss- und Prozessverhalten) und der äußeren Komplexität (Kommunikations-

und Materialflussschnittstellen) ableiten. Der Nutzen einer virtuellen Inbetriebnahme steigt mit der Größe des betrachteten Systems und dessen Bedeutung im Gesamtsystem. Dies resultiert daraus, dass mit der Größe auch die Anzahl der möglichen Fehlerquellen anwächst, welche vor der realen Inbetriebnahme erkannt werden können. Da die virtuelle Inbetriebnahme auf die Verbesserung und Inbetriebnahme der Steuerungstechnik abzielt, steigt ihr Nutzen laut Wünsch auch mit dem Anteil, den die Steuerungstechnik zur Gesamtfunktionalität des Systems beiträgt.

Zur Bestimmung des Aufwand-Nutzen-Verhältnisses arbeitet die Bewertungsmethode mit Kennwerten des jeweils vorliegenden Projektes, im Rahmen dessen eine virtuelle Inbetriebnahme in Betracht gezogen wird. Im hier vorliegenden Fall ist das jedoch nicht möglich, da die virtuelle Inbetriebnahme nicht projektorientiert, sondern produktbegleitend zur Verfügung gestellt werden soll. Aus diesem Grund wird nur eine Abschätzung der Wirtschaftlichkeit anhand der Eigenschaften der betrachteten Förderanlagen vorgenommen.

Auf Seite des Aufwandes lässt sich bei den geschilderten EHB- und FTS-Anlagen eine hohe Systemkomplexität feststellen. Aufgrund der realisierten Transportfunktion sind beide Systeme vielfach über Materialfluss- und Datenschnittstellen mit umgebenden Systemen vernetzt. Durch die intelligenten Feldgeräte zeigen die Systeme auch ein großes Maß an interner Komplexität. Die Komplexität erschwert im Allgemeinen eine wirtschaftliche Anwendung der virtuellen Inbetriebnahme bei diesen Förderanlagen erheblich, bzw. sie bedingt eine starke Abstraktion während der Erstellung des Simulationsmodells. Durch die Integration der virtuellen Inbetriebnahme als produktbegleitende Methode und die damit einhergehende Spezialisierung besteht jedoch das Potenzial, den Aufwand durch eine weitgehende Automatisierung des Modellerstellungsprozesses zu reduzieren.

Die Komplexität der betrachteten Förderanlagen erhöht aber auch gleichzeitig den möglichen Nutzen einer virtuellen Inbetriebnahme, da die Komplexität durch sie bereits im Vorfeld beherrschbar wird. Werden Elektrohängebahnen und fahrerlose Transportsysteme für Transportaufgaben in der innerbetrieblichen Logistik eingesetzt, so sind sie oft integrale Bestandteile des Materialflusskonzeptes und müssen eine hohe Verfügbarkeit aufweisen. Damit steigt die Bedeutung einer zügigen Inbetriebnahme mit verifizierter Steuerungssoftware und im Vorfeld bestimmter Parametersätze, was durch eine virtuelle Inbetriebnahme ermöglicht wird.

Unter der Voraussetzung, dass die virtuelle Inbetriebnahme in das gesamte Systemkonzept integriert und somit auf die betrachteten Förderanlagen spezialisiert ist, wird daher von einer wirtschaftlichen Anwendung der virtuellen Inbetriebnahme ausgegangen.

3.6. Beschreibung des Detailkonzeptes

Das im Folgenden vorgestellte Detailkonzept wird aus den geschilderten Anwendungsfällen und Anforderungen abgeleitet. Es integriert die virtuelle Inbetriebnahme in den Applikations-Systembaukasten des Systemanbieters. Nach einer Übersicht über das Konzept folgt eine nähere Betrachtung der einzelnen Elemente.

3.6.1. Übersicht

Für das System zur virtuellen Inbetriebnahme der Förderanlagen wird ein Hardware-in-the-loop-Ansatz gewählt, der in Abbildung 3.5 schematisch dargestellt ist. Die Abbildung zeigt im oberen Bereich die bereits bestehende Systemstruktur, die in Abschnitt 2.2 vorgestellt wurde. Die Leitebene ist zur Vereinfachung ausgeblendet. Im unteren Bereich ist das konzipierte System zur virtuellen Inbetriebnahme der Förderanlagen abgebildet, das eine Anlagensimulation und eine 3D-Visualisierung umfasst. Der Segmentcontroller, der als zentrale Einheit die Steuerung der Förderanlage übernimmt, wird als reale Hardware eingebunden, so dass dessen Systemsoftware in unveränderter Form verwendet wird. Im Rahmen der virtuellen Inbetriebnahme müssen von der jeweils simulierten Förderanlage realitätskonforme Prozessdaten generiert und an den Segmentcontroller übermittelt werden.

Die vom Segmentcontroller berechneten Steuerkommandos basieren auf einem digitalen Abbild des Anlagenzustandes. Das Abbild entsteht aus den Statusinformationen sämtlicher intelligenter Feldgeräte, die diese zyklisch an den Segmentcontroller übermitteln, und ist damit stark vom Verhalten der Feldgeräte selbst abhängig. Zur Simulation der Förderanlage ist es notwendig, das komplexe Verhalten der Feldgeräte im Simulationsmodell nachzubilden. Ein Verhaltensmodell liegt jedoch bereits in Form der real verwendeten Gerätesoftware vor. Deshalb wird im hier geschilderten Konzept die Gerätesoftware

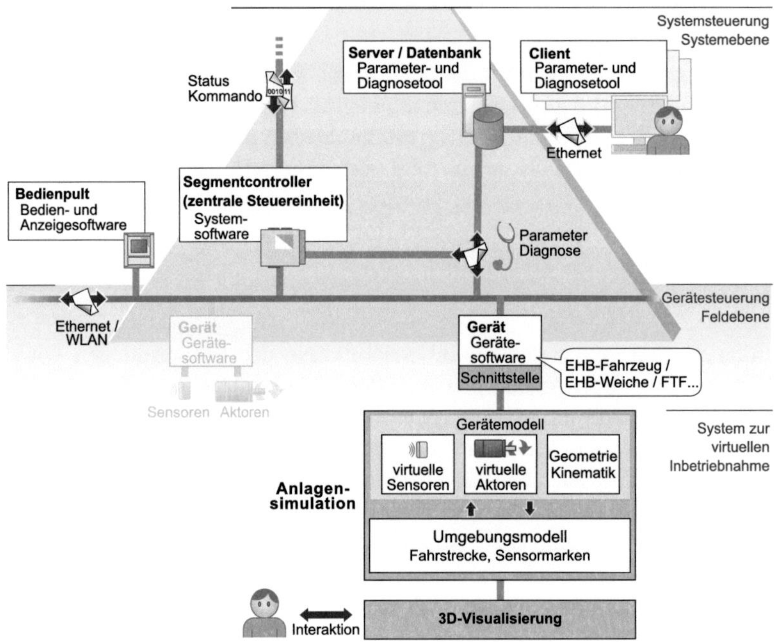

Abbildung 3.5.: Übersicht über das Konzept zur virtuellen Inbetriebnahme der Förderanlagen. Zur Vereinfachung ist die Leitebene ausgeblendet und nur ein simuliertes Feldgerät dargestellt (vgl. [96]).

in fast unveränderter Form für die virtuelle Inbetriebnahme genutzt. Sie wird lediglich um eine Schnittstelle erweitert, die es erlaubt, von ihr verwaltete Sensoren und Aktoren durch entsprechende simulierte virtuelle Gegenstücke zu ersetzen. Das simulierte Feldgerät entsteht somit aus der Gerätesoftware und einem Gerätemodell, das je nach Feldgerätetyp über entsprechende virtuelle Sensoren und Aktoren verfügt.[1] Die Geometrie sowie eventuell vorhandene kinematische Eigenschaften werden ebenfalls im Gerätemodell hinterlegt. Für eine Rückwirkung der virtuellen Aktoren auf die Sensoren wird ein Umgebungsmodell eingeführt, das u. a. den Streckenverlauf der EHB- oder FTS-Anlage enthält. Ein virtueller Sensor berechnet auf Basis dieses Umgebungsmodells die aktuellen Sensorwerte, während ein virtueller Aktor die Umgebung beeinflusst.

Der aktuelle Zustand der Anlagensimulation wird dem Anwender in einer dreidimensionalen Darstellung präsentiert. Er kann die simulierte Anlage begehen und auch mit ihr interagieren. Eine Interaktion bewirkt dabei eine Zustandsänderung, die über die virtuellen Sensoren auf die Feldgeräte rückwirkt.

3.6.2. Einführung eines Umgebungsmodells

Die realen EHB- oder FTS-Fahrzeuge folgen dem Verlauf der Fahrschiene bzw. der Leitlinie. Zur Abbildung ihrer Bewegung im Simulationsmodell wird ein Umgebungsmodell eingeführt, das den Streckenverlauf der EHB- oder FTS-Anlage sowie verschiedene Sensormarken enthält.

Geometrische Daten des Streckenverlaufs sind über einen CAD-Datenimport des Anlagenlayouts im Parameter- und Diagnoseprogramm verfügbar. Aus dessen Datenbasis kann somit auch eine entsprechende Repräsentation der Fahrstrecke im Umgebungsmodell erstellt werden. Durch die Einführung von Sensormarken sind im Umgebungsmodell Informationen für die virtuellen Sensoren bereitzustellen. Mit Hilfe der Sensormarken können beispielsweise induktive Transponder definiert werden, die von den virtuellen Sensoren — in diesem Fall Transponderlesegeräte — erfasst und ausgewertet werden.

Für Fahrzeuge, die sich entlang des Streckenverlaufes bewegen, schließt das Umgebungsmodell den Regelkreis zwischen der Gerätesoftware und der im

---

[1]Als virtuelle Sensoren/Aktoren werden hier die in Software nachgebildeten Gegenstücke der realen Sensoren/Aktoren verstanden (vgl. [83]).

Gerätemodell abgebildeten virtuellen Aktoren und Sensoren. Bewegungen, die durch die virtuellen Aktoren hervorgerufen werden, führen zu einer Positionsveränderung im Umgebungsmodell, die wiederum über die virtuellen Sensoren erfasst werden kann.

3.6.3. Simulation der intelligenten Feldgeräte

Ein simuliertes Feldgerät der Förderanlage entsteht aus der um eine Kommunikationsschnittstelle erweiterten original Gerätesoftware des Feldgerätes und aus dem in der Anlagensimulation vorhandenen Gerätemodell. Einem Gerätemodell ist damit genau eine Instanz der entsprechenden Gerätesoftware zugeordnet. Eine anschauliche Visualisierung und Interaktion mit dem Feldgerät wird durch eine 3D-Repräsentation des Feldgerätes erreicht. Abbildung 3.6 zeigt links den allgemeinen Aufbau eines simulierten Feldgerätes. Rechts sind die entsprechenden Teilkomponenten beispielhaft für ein EHB-Fahrzeug dargestellt.

Das Verhalten eines Feldgerätes wird durch die vom Systemanbieter erstellte Gerätesoftware sowie deren aktueller Parametrierung bestimmt. Durch die

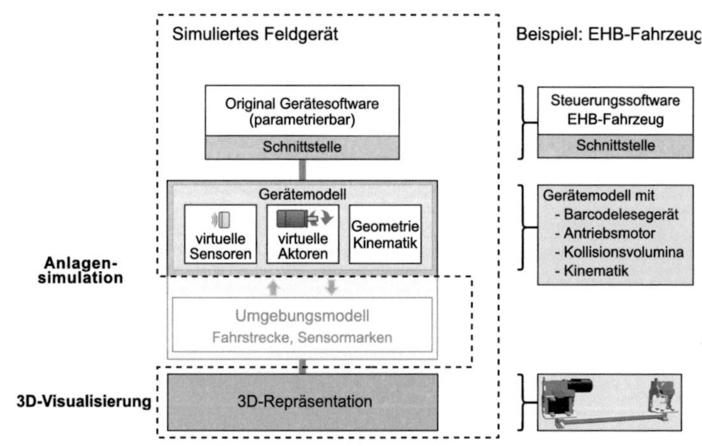

Abbildung 3.6.: Aufbau eines simulierten Feldgerätes aus original Gerätesoftware, Gerätemodell und 3D-Repräsentation.

Einbindung der original Gerätesoftware entfällt die Notwendigkeit, ein separates Verhaltensmodell für die Abbildung der Intelligenz der Feldgeräte zu erstellen. Je nach Feldgerätetyp (s. Tabelle 2.1) verwaltet die Gerätesoftware jedoch auch verschiedene angeschlossene Subsysteme, z. B. Sensoren/Aktoren oder digitale Ein-/Ausgänge. Die Nachbildung dieser externen Abhängigkeiten ist für ein realitätskonformes Geräteverhalten notwendig und erfolgt durch das Gerätemodell. Geometrische und kinematische Abhängigkeiten, welche durch die Gerätesoftware nicht erfasst werden können, sind ebenfalls im Gerätemodell abzubilden. Beispiele hierfür sind die Kollisionsvolumina für bewegliche Objekte oder die Führung eines EHB-Fahrzeugs entlang seiner Fahrschiene.

Die Verwendung der Feldgerätesoftware zur virtuellen Inbetriebnahme bringt einen weiteren Vorteil mit sich. Wird die Gerätesoftware vom Hersteller aktualisiert, so lässt sich wesentlich schneller eine Anpassung des Systems zur virtuellen Inbetriebnahme erreichen. Sofern die Schnittstelle zwischen Gerätesoftware und Gerätemodell unverändert bleibt, ist ein einfacher Austausch der Gerätesoftware ausreichend. Beim Einsatz des Systems zum Test der Steuerungssoftware steht somit sehr schnell eine aktuelle Testumgebung zur Verfügung.

3.6.4. Verwendung von virtuellen Sensoren und Aktoren

Die virtuellen Sensoren und Aktoren sind Teil des Gerätemodells und ersetzen ihre realen Gegenstücke. Durch die Kopplung von Gerätesoftware und Gerätemodell auf Sensor-Aktor-Ebene kann die Software der intelligenten Feldgeräte zur virtuellen Inbetriebnahme größtenteils unverändert verwendet werden. Die Aufgabe der virtuellen Sensoren besteht darin, die jeweils zugeordnete Gerätesoftware mit aktuellen Sensordaten zu versorgen. Bei den hier betrachteten Förderanlagen müssen insbesondere Sensoren zur absoluten und relativen Positionserfassung nachgebildet werden. Im Einzelnen sind dies:

- Barcodelesegeräte

- RFID[2]-Transponderlesegeräte

- Näherungsschalter

- Absolutwertgeber und Resolver

---

[2]engl.: *Radio Frequency Identification*

Die Sensordaten sind auf Basis der im Umgebungsmodell hinterlegten Sensormarken zu ermitteln und zyklisch an die Gerätesoftware zu übertragen. Absolutwertgeber und Resolver benötigen keine Sensormarken. Ihre aktuellen Sensorwerte können aus der relativen Positionsänderung seit dem letzten Simulationsschritt berechnet werden.

Die Fahrzeuge der Förderanlagen verfügen je nach Einsatzzweck über einen oder mehrere elektromotorische Antriebe. Die Antriebe ermöglichen eine Fortbewegung entlang der Fahrstrecke oder werden für weitere Bewegungsachsen, zum Beispiel für Hubfunktionen, eingesetzt. Sie sind als virtuelle Aktoren im Gerätemodell zu hinterlegen. Die Antriebsumrichter, welche die eigentliche Ansteuerung der Antriebe übernehmen, werden nicht in der Simulation erfasst. Die Modellierung ihrer unter harten Echtzeitbedingungen ablaufenden internen Regelverfahren führt zu einer unverhältnismäßig hohen Abbildungstiefe im Vergleich zu anderen Systemkomponenten und ist mit zu hohen Echtzeitanforderungen an das Simulationssystem verbunden.

Die von der Gerätesoftware verwalteten digitalen Ein-/Ausgänge stellen neben den Sensoren und Aktoren eine weitere Schnittstelle der Gerätesoftware zum umgebenden System dar. Über sie werden vor allem lokale Bedien- und Anzeigeelemente angebunden. Bei lokalen Handbediengeräten sowie intelligenten E/A-Modulen sind die digitalen Ein-/Ausgänge zudem für deren Kernfunktionalität unabdingbar. Damit auch während der virtuellen Inbetriebnahme eine realistische Bedienung und Darstellung der Förderanlage möglich ist, müssen die digitalen Ein-/Ausgänge durch das Gerätemodell in der Simulation bedient bzw. ausgewertet werden. Der aktuelle Zustand der Ein-/Ausgänge ist dazu zwischen der Gerätesoftware und dem in der Simulation vorhandenen Gerätemodell zyklisch auszutauschen.

3.6.5. Anlagensimulation

Die in diesem Konzept als Anlagensimulation bezeichnete Anwendung verwaltet sämtliche simulierten Komponenten der Förderanlage. Für jedes simulierte Feldgerät existiert in der Anlagensimulation ein entsprechendes Gerätemodell, das zyklisch aktualisiert werden muss. Im Rahmen der Aktualisierung sind die durch die virtuellen Aktoren hervorgerufenen Positionsänderungen zu berechnen und die aktuell gültigen Sensorwerte zu ermitteln (vgl. Abbildung 3.7). Sind die Sensorwerte von Sensormarken abhängig, die entlang der Fahrstre-

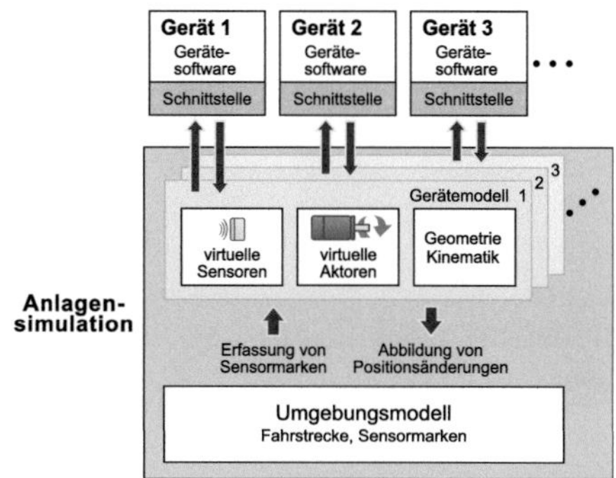

Abbildung 3.7.: Wichtigste Komponenten der Anlagensimulation.

cke verfügbar sind, so wird auf das Umgebungsmodell zurückgegriffen, das ebenfalls von der Anlagensimulation verwaltet wird.

Die Anlagensimulation ermöglicht eine kinematikbasierte Simulation (vgl. [37]). Die Objektbewegungen, die durch die virtuellen Aktoren hervorgerufen werden, sind im einfachsten Fall geradlinig, so zum Beispiel die Verfahrbewegung der Schiebeweiche einer Elektrohängebahn. Um komplexere Bewegungen korrekt abbilden zu können, muss die Kinematik der beweglichen Objekte beachtet werden. Im Fall der Elektrohängebahn ist beispielsweise die Führung der Fahrzeuge entlang der Fahrschienen zu modellieren. Bei EHB-Fahrzeugen mit mehreren Laufwerken ergibt sich zudem durch die Lasttraverse eine kinematische Kopplung zwischen den Laufwerken. Eine kinematisch korrekte Positionierung der Objekte ist wichtig, da über die Position der Objekte auch die aktuellen Werte der virtuellen Sensoren berechnet werden.

Eine dynamische Simulation unter Miteinbeziehung der auftretenden Kräfte und Momente wird nicht durchgeführt, da diese für die hier betrachtete virtuelle Inbetriebnahme auf der System- und Feldebene eine unnötig hohe Detailstufe darstellt.

Um die realen Bewegungsabläufe zu simulieren, muss die Anlagensimulation auch eine Kollisionserkennung zur Verfügung stellen. Bei Elektrohängebahnen und fahrerlosen Transportsystemen ist die Kollision zweier Fahrzeuge ein schwerwiegender Fehler. Aufgrund beschädigter Fahrzeuge oder Transportgüter sowie eines zeitweisen Ausfalls des betroffenen Anlagenabschnittes entstehen zum Teil hohe Folgekosten. Während der virtuellen Inbetriebnahme können solche Kollisionen als Folge einer fehlerhaften Parametrierung oder aufgrund eines Fehlers in der System- oder Gerätesoftware auftreten. Durch die Kollisionserkennung werden diese Fehlerzustände entdeckt und somit näher untersuchbar.

3.6.6. Parametrierung und Diagnose der simulierten Förderanlagen

Durch das hier geschilderte Konzept unterscheidet sich das Parametrieren während der virtuellen Inbetriebnahme nicht von dem auch später an der realen Förderanlage durchzuführenden Vorgang. Indem die parametrierbare Gerätesoftware im System zur virtuellen Inbetriebnahme verwendet wird, lässt sich die Förderanlage bis auf die Geräteebene hinab parametrieren. Der Übergang vom realen zum simulierten Feldgerät erfolgt auf Ebene der Sensoren und Aktoren. Die Schnittstelle der Feldgeräte zu überlagerten Systemkomponenten bleibt unverändert. Das Parameter- und Diagnosetool kann dadurch auch für die simulierte Förderanlage zum Setzen der Parameter und für Diagnosezwecke genutzt werden. Die intelligenten Feldgeräte liefern die zur Diagnose notwendigen Zustandsdaten. Im Gegensatz zur realen Anlage werden diese jedoch mit Hilfe der in der Anlagensimulation verwalteten Gerätemodelle und des Umgebungsmodells bestimmt.

3.6.7. 3D-Visualisierung des Anlagenzustands

Die 3D-Visualisierung soll den in der Simulation vorliegenden Anlagenzustand anschaulich darstellen und greift hierzu auf das Umgebungsmodell sowie die Gerätemodelle der Anlagensimulation zu. Erforderliche Zustandsdaten sind beispielsweise die aktuellen Positionen der EHB- oder FTS-Fahrzeuge. Die Förderanlage ist als Computergrafik in einer dreidimensionalen perspektivischen Ansicht zu präsentieren. Neben dem aktuellen Anlagenzustand werden deshalb auch entsprechende dreidimensionale Geometriemodelle der darzustellenden Objekte benötigt. Die Darstellung erfolgt synchron zur ablaufenden Anlagensimulation. Damit die dargestellten Objektbewegungen flüssig erscheinen, ist eine ausreichend hohe Bildwiederholrate (ca. 30-60 Bilder/Sekunde) erforderlich [22].

Die simulierte Förderanlage wird durch die Visualisierung für den Benutzer virtuell begehbar, indem er frei durch die dargestellte 3D-Modellwelt navigieren kann. Objekte, die der Anwender beeinflussen kann, sind in der Visualisierung auswählbar, worauf die Interaktionsmöglichkeiten freigeschaltet werden. Neben der grafischen Darstellung und der Interaktion bietet die Visualisierung auch die Möglichkeit, Statusinformationen der dargestellten Objekte anzuzeigen.

3.7. Auswahl geeigneter Softwarewerkzeuge

Zur virtuellen Inbetriebnahme der hier betrachteten Förderanlagen müssen Softwarewerkzeuge zur Simulation und Visualisierung der nicht real vorhandenen Anlagenkomponenten verwendet werden. Während eine Simulationssoftware im Hintergrund das Anlagenverhalten nachbildet, stellt die Visualisierung die Schnittstelle zum Anwender des Systems dar. Die Auswahl der Softwarewerkzeuge ist entscheidend für den Entwicklungsaufwand des Systems sowie für den Aufwand, den ein Anwender zur Benutzung des Systems aufbringen muss. Sie bestimmt ebenfalls den möglichen Grad der Integration des Systems in den Applikations-Systembaukasten der Förderanlagen.

3.7.1. Simulationssoftware

Um eine geeignete Simulationssoftware auswählen zu können, wird zuerst die Perspektive des Anwenders eingenommen, der eine Förderanlage aus dem in Abschnitt 2.1 geschilderten Applikations-Systembaukasten virtuell in Betrieb nehmen möchte. Er steht vor zwei wesentlichen Aufgaben. Zum einen ist ein Simulationsmodell zu erstellen, das die betrachtete Förderanlage für den Zweck der virtuellen Inbetriebnahme ausreichend genau nachbildet. Zum anderen muss mit einem Softwarewerkzeug die eigentliche Simulation durchgeführt werden. Dabei wird mit Hilfe des Simulationsmodells ein realistisches Anlagenverhalten erzeugt. Für die technische Realisierung der Modellerstellung und der anschließenden Simulation hat der Anwender prinzipiell mehrere Möglichkeiten (vgl. [68, 155]:

1. Anwendung einer höheren Programmiersprache (z. B. C, C++, Java) oder spezieller Simulationssprachen (z. B. GPSS, SIMAN, SIMPLEX3)

2. Anwendung eines allgemeinen Simulationssystems
   (z. B. Simulink, eM-plant/Plant Simulation, DELMIA V5, WinMOD)

3. Nutzung eines anwendungsspezifischen Spezialsimulators
   (z. B. eM-Workplace (Robcad), Moldflow)

Die Allgemeingültigkeit der Werkzeuge und der Anwendungsbezug stehen dabei umgekehrt proportional zueinander. Ein starker Anwendungsbezug verringert gleichzeitig die Notwendigkeit einer simulationsspezifischen Ausbildung des Anwenders [155]. Die erste Möglichkeit ist im hier entwickelten Konzept nicht verwendbar. Sowohl eine höhere Programmiersprache als auch die Verwendung einer speziell auf Simulation zugeschnittenen Simulationssprache erfordern vom Anwender ein hohes Maß an Spezialwissen und Programmiererfahrung. Dies widerspricht dem Ziel einer produktbegleitenden virtuellen Inbetriebnahme. Gerade durch die Ausrichtung der Werkzeuge an dem in Betrieb zu nehmenden Produkt soll eine einfache Anwendbarkeit des Systems erreicht werden, so dass die virtuelle Inbetriebnahme ohne Spezialkenntnisse der Simulationstechnik möglich ist. Die Anwendungsbreite, die durch die Verwendung einer Programmiersprache gewonnen wird, ist zudem hier unnötig, da der Anwendungsbereich durch den vorhandenen Applikations-Systembaukasten für Förderanlagen bereits begrenzt ist.

Allgemeine Simulationssysteme bieten dem Anwender eine weitreichende Unterstützung bei der Modellierung und Simulation. Sie haben ein definiertes Anwendungsfeld, das die Klasse von Systemen festlegt, die simuliert werden können und erfordern vom Anwender keine oder wenig Programmiertätigkeit [76]. Über eine grafische Benutzeroberfläche ist eine komfortable Modellerstellung und Simulationsauswertung möglich. Obwohl keine Programmierkenntnisse erforderlich sind und die Modellerstellung durch vorgefertigte Bibliotheken unterstützt wird, ist der Anwender jedoch mit einem komplexen Simulationssystem konfrontiert. Zur Modellerstellung und zur Programmbedienung sind Spezialkenntnisse erforderlich. Gegen die Verwendung eines allgemeinen Simulationssystems sprechen auch die oftmals hohen Kosten der Simulationssysteme. Zur virtuellen Inbetriebnahme ist eine lauffähige Simulation der nicht real vorhandenen Anlagenkomponenten notwendig, so dass der Anwender in der Regel über eine lizenzierte Version des Simulationssystems verfügen muss. Aus den genannten Gründen wird die Verwendung eines allgemeinen Simulationssystems im hier verwendeten Konzept ebenfalls als nicht zielführend betrachtet.

Als dritte Möglichkeit bleibt die Nutzung eines anwendungsspezifischen Spezialsimulators. Hier besteht auf Kosten der Anwendungsbreite im Vergleich zu einem allgemeinen Simulationssystem ein wesentlich höherer Anwendungsbezug. Das bietet in Verbindung mit dem hier verfolgten Konzept entscheidende Vorteile. Der Simulator ist bereits auf einen eng begrenzten Anwendungsfall hin ausgelegt. Dies umfasst sowohl die Modellierung als auch die Benutzerführung, bei der aufgrund der Spezialisierung eine anschauliche und anwendungsspezifische Vorgehensweise angewendet werden kann. Der Anwender benötigt im Idealfall keine Kenntnisse, die über das problemspezifische Arbeitsgebiet hinausgehen. Durch die Spezialisierung wird eine automatisierte Modellerstellung erleichtert, da bereits systemseitig Annahmen über das Model getroffen werden können und es in seinen Grundzügen eng definierten Spezifikationen folgt. Mit der Verwendung eines Spezialsimulators rücken die zuvor festgelegten Anwendungsfälle des Systems zur virtuellen Inbetriebnahme in den Vordergrund und die Modellierung eines Simulationsmodells als Aufwandstreiber in den Hintergrund. Die eingeschränkte Anwendungsbreite stellt kein Hindernis dar, da der Anwendungsbezug im Rahmen der produktbegleitenden virtuellen Inbetriebnahme bereits durch den Applikations-Systembaukasten der Förderanlagen klar vorgegeben ist.

Aufgrund der vorstehenden Ausführungen wird im Weiteren das Ziel verfolgt, dem Anwender das System zur virtuellen Inbetriebnahme der Förderanlagen in Form eines anwendungsspezifischen Spezialsimulators zugänglich zu machen.

Aus Sicht des Entwicklers, in dessen Verantwortung die Erstellung des Gesamtsystems zur virtuellen Inbetriebnahme liegt, ergibt sich die Frage, wie der anwendungsspezifische Simulator bereitgestellt werden kann. Aufgrund der starken Spezialisierung auf Elektrohängebahnen und fahrerlose Transportsysteme, die aus dem vorgestellten Systembaukasten erstellt werden, ist am Markt kein Simulator verfügbar, der eine Anlagensimulation, wie sie im hier geschilderten Konzept erforderlich ist, realisiert. Die genannten Förderanlagen sind jedoch in verschiedenen allgemeinen Simulationssystemen entweder standardmäßig oder nach Einbindung eines Zusatzpaketes verfügbar. Beispiele hierfür sind die Simulationssysteme *Plant Simulation* (vormals *eM-Plant* und *Simple++*) sowie *AutoMod* und *Arena* [23, 64, 98]. Bei diesen Simulationssystemen steht jedoch die Materialflusssimulation im Vordergrund. Die Förderanlagen werden dabei auf einer weitaus höheren Abstraktionsebene abgebildet. Die Programme sind nicht auf eine virtuelle Inbetriebnahme der Förderanlagen ausgerichtet, sondern ermöglichen über die Simulation eine Planung und Optimierung des Materialflusses.

Es verbleiben zwei Alternativen zur Entwicklung des Spezialsimulators, der die virtuelle Inbetriebnahme der in dieser Arbeit betrachteten Förderanlagen ermöglicht. Wie in Abbildung 3.8 dargestellt, besteht zum einen die Möglichkeit, ein allgemeines Simulationssystem zu erweitern. Während als Grundgerüst die bestehende Simulationssoftware genutzt wird, muss für die im Konzept vorgesehene Anlagensimulation zusätzliche Funktionalität bereitgestellt werden. Beispiele hierfür sind die automatische Erstellung des Umgebungsmodells sowie die Abbildung der virtuellen Sensoren und Aktoren. Um dem Anwender das Simulationssystem in Form eines Spezialsimulators präsentieren zu können, muss darüber hinaus die Anwendungsbreite des Simulators eingeschränkt werden. Im Sinne des Konzeptes müssen nicht benötigte Funktionen zu Gunsten einer klaren und auf den Anwendungsfall zugeschnittenen Benutzerführung verborgen werden.

Die zweite mögliche Vorgehensweise ist die Erstellung des Spezialsimulators unter Verwendung einer höheren Programmiersprache. Hier wird kein Simulationssystem als Basis verwendet, sondern die typischen Elemente eines Simulators wie Simulatorkern, Datenverwaltung und Benutzeroberfläche werden neu entwickelt und an den konkreten Anforderungen ausgerichtet.

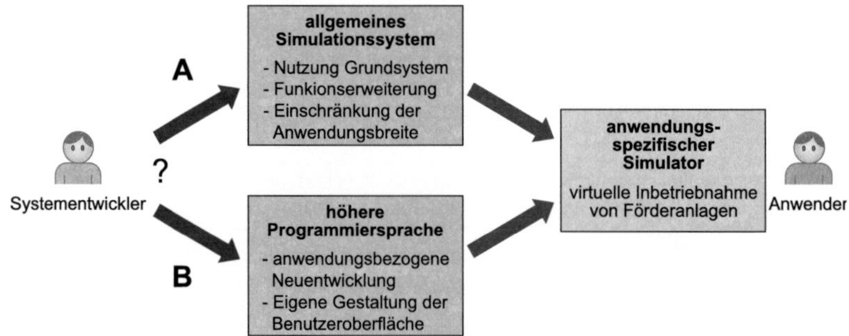

Abbildung 3.8.: Mögliche Vorgehensweisen zur Erstellung eines anwendungsspezifischen Spezialsimulators für die virtuelle Inbetriebnahme von Förderanlagen.

Um aus den beiden möglichen Vorgehensweisen eine Auswahl zu treffen, wird jeweils eine Bewertung vorgenommen, die sich an der VDI-Richtlinie 3633 Blatt 4 *„Auswahl von Simulationswerkzeugen"* orientiert [101]. Hier werden jedoch nicht zwei konkrete Simulationssysteme verglichen, sondern die zwei verbleibenden Möglichkeiten zur Erstellung eines Spezialsimulators. Die Erweiterung eines allgemeinen Simulationssystems wird als Variante A, die direkte Verwendung einer höheren Programmiersprache als Variante B bezeichnet (siehe Tabelle 3.1). Die jeweilige Bewertungszahl eines Kriteriums ergibt, multipliziert mit einer Gewichtung, das Bewertungsergebnis. Die Gewichtung erfolgt nach der Bedeutung des Kriteriums für die Umsetzung des geschilderten Konzeptes. Für Gewichtung und Bewertung werden maximal drei Punkte vergeben. Je höher die Punktzahl, desto besser wird das Kriterium bewertet. Die Summe der einzelnen Bewertungsergebnisse für die einzelnen Kriterien ergibt dann die Gesamtbewertung der jeweiligen Vorgehensweise.

In der Kategorie *Systemumgebung* sowie bei den unter *Sonstiges* genannten Kriterien ergibt sich kein wesentlicher Unterschied der Vorgehensweisen. Bezüglich der *Softwareleistung* wird die Variante B besser bewertet. Es ist davon auszugehen, dass mit Hilfe einer Programmiersprache der zu erstellende Simulator wesentlich einfacher an das geschilderte Konzept angepasst werden kann. Eine auf den definierten Anwendungsbereich zugeschnittene Benutzerführung scheint damit leichter realisierbar. Als Resultat sinken die Qualifikationsanforderungen an den Anwender sowie der von ihm zu leistende Programmieraufwand für die Modellerstellung. Die gestellte Forderung nach einer geringen Kostenwirkung der virtuellen Inbetriebnahme begünstigt ebenfalls Variante B. Wird der Simulator mit Hilfe einer höheren Programmiersprache erstellt, so fallen keine Anschaffungskosten für die Simulationssoftware an. Sie kann dem Anwender ohne hohe Lizenzgebühren zur Verfügung gestellt werden. Kommerzielle Simulationswerkzeuge für Produktion und Logistik für weniger als 10.000 Euro sind hingegen nur schwer zu finden. Für die Mehrzahl der Lösungen liegt das Volumen einer Einzelplatzlizenz bereits bei 20.000 Euro [79]. Für eine Integration des Simulationssystems in den Applikations-Systembaukasten ist ein Simulator auf Basis einer höheren Programmiersprache vorteilhaft. Unter anderem können die Benutzerführung und die dabei verwendete grafische Benutzeroberfläche explizit an bereits vorhandene Softwarewerkzeuge des Systembaukastens angepasst werden. Die für die Anbindung an die realen Anlagenkomponenten benötigte weiche Echtzeitfähigkeit des Simulators ist bei beiden Vorgehensweisen gegeben.

Tabelle 3.1.: Bewertung möglicher Vorgehensweisen zur Erstellung des anwendungsspezifischen Simulators. A: Erweiterung eines allgemeinen Simulationssystems, B: Direkte Verwendung einer höheren Programmier sprache.

Bewertungskriterium	Gewichtung	Bewertung A	Bewertung B	Ergebnis A	Ergebnis B
	G	B_A	B_B	$B_A \cdot G$	$B_B \cdot G$
Systemumgebung					
Ausführbarkeit auf Standardhardware	3	2	2	6	6
Verfügbarkeit auf Betriebssystem Windows	2	3	3	6	6
Softwareleistung					
Qualifikationsanforderungen an den Anwender	3	2	3	6	9
Programmieraufwand für Endanwender	3	2	3	6	9
Geringe Kostenwirkung/Lizenzgebühren	3	1	3	3	9
Integration in Applikations-Systembaukasten	3	2	3	6	9
Weiche Echtzeitfähigkeit	3	2	2	6	6
Entwicklung					
Programmieraufwand für Entwickler	2	2	1	4	2
Realisierung der automatisierten Modellerstellung	3	2	2	6	6
Umfang bestehender Modellbausteine	2	2	0	4	0
Transparenz der genutzten Software	2	2	3	4	6
Sonstiges					
Weiterentwicklung gewährleistet	2	2	2	4	4
Unabhängigkeit vom Softwarehersteller	1	2	3	2	3
				$\Sigma\,63$	$\boxed{\Sigma\,75}$

Auch der zur *Entwicklung* des Simulators notwendige Aufwand hat Einfluss auf die Auswahl der Vorgehensweise. Die Verwendung eines Simulationssystems als Entwicklungsbasis hat den Vorteil, dass bereits existierende Simulatorkomponenten genutzt werden können. Die konzept- und anlagenspezifischen Funktionen müssen jedoch auch im allgemeinen Simulationssystem erst noch erstellt werden. Hierzu zählen vor allem die Gerätemodelle mit ihren virtuellen Sensoren und Aktoren, ein auf die Gerätemodelle abgestimmtes Umgebungsmodell sowie die Schnittstelle zur jeweiligen Gerätesoftware. Dies relativiert größtenteils den höheren Programmieraufwand bei Variante B. Der Aufwand für eine automatisierte Modellerstellung wird bei beiden Varianten als ähnlich bewertet. Für die Nutzung eines allgemeinen Simulationssystems sprechen die darin schon vorhandenen Modellbausteine, die jedoch erweitert und spezialisiert werden müssen. Ein Vorteil eines Simulators, der mit Hilfe einer höheren Programmiersprache erstellt wurde, ist die Transparenz der Software. Der Quellcode ist für den Entwickler einsehbar und Änderungen am Simulatorverhalten sind in weiten Grenzen möglich. Bei einem kommerziellen Simulationssystem sind die Interna für den Anwender dagegen meist nicht zugänglich.

Die Gesamtbewertung in Tabelle 3.1 legt die Variante B nahe. Der anwendungsspezifische Simulator wird daher unter Verwendung einer höheren Programmiersprache erstellt. Ausgewählt wird die objektorientierte Programmiersprache C#, da diese auch für das im Systemkonzept verwendete Parameter- und Diagnoseprogramm verwendet wurde und außerdem entsprechende Entwicklungsumgebungen seitens des Systemanbieters vorhanden sind. Die Programmiersprache C# ist eng mit der von Microsoft entwickelten .NET-Plattform verknüpft. Aus Sicht eines Programmierers stellt sich .NET als Laufzeitumgebung und als eine gemeinsame Basisklassenbibliothek dar. Letztere kapselt nicht nur die verschiedenen Grundoperationen, sondern bietet auch eine Reihe von Diensten, die von den meisten Anwendungen benötigt werden [146].

3.7.2. Visualisierungssoftware

Die Hauptaufgabe der Visualisierung ist Präsentation des Anlagenzustands als dreidimensionale Computergrafik. Die verschiedenen auf dem Markt befindlichen Grafiksoftware-Pakete lassen sich, wie in Abbildung 3.9 dargestellt, in ein Schichtenmodell gliedern [10].

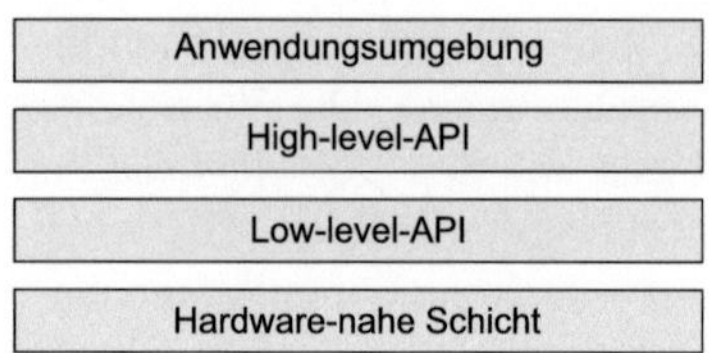

Abbildung 3.9.: Schichtenmodell der Grafiksoftware (nach [10]).

In der obersten Schicht finden sich die Anwendungssysteme, die auch als Autorensysteme für 3D-Grafik verstanden werden können. Darunter folgen High-und Low-level APIs[3]. Über die High-level APIs ist es möglich, ganze Szenen zu verwalten und darzustellen. Oft greifen diese intern auf eine Low-level API zurück, welche deutlich näher an der Grafikhardware arbeitet. Auf der hardwarenahen Schicht findet sich Software, die direkt mit dem Video-Speicher und der Rastergrafik kommuniziert [10].

Für die hier simulierten Förderanlagen ist keine fotorealistische Visualisierung notwendig. Wird die Visualisierung zu Präsentationszwecken genutzt, muss eine entsprechende Darstellungsqualität gewährleistet sein. Auf sehr detailreiche Geometriemodelle und fortgeschrittene Verfahren der Licht- und Schattenberechnung kann jedoch verzichtet werden. Die Visualisierung muss im Gegensatz zu einer vorberechneten Animation den simulierten Anlagenzustand in Echtzeit wiedergeben. Eine Konkurrenz mit speziell für Präsentationszwecke erstellten Animationen höchster Qualität wird nicht angestrebt.

Für die Visualisierung der Anlagensimulation wird die Low-level API *Managed DirectX* in der Version 9.0c ausgewählt [86]. DirectX wurde von der Firma Microsoft entwickelt und ist eine Sammlung von Programmbibliotheken, mit deren Hilfe Entwickler leistungsfähige Multimedia-Anwendungen erstellen können. Sie stellt standardisierte Schnittstellen für alle Windows-Betriebssysteme bereit, um den Entwicklern einen einfachen Zugang zur Fülle der verschiedenen unterstützten Hardwarekomponenten zu verschaffen. Insbesondere die Bibliothek *Direct3D* beinhaltet Funktionen der 3D-Grafik und ermöglicht einen geräteunabhängigen Zugriff auf die Hardware [166]. Während die DirectX-API für die Programmiersprachen C und C++ entwickelt wurde, steht Managed

---

[3]engl.: *Application Programming Interface*, deutsch: Schnittstelle zur Anwendungsprogrammierung

80

DirectX auch für die .NET-Plattform zur Verfügung. Es stellt über Adapterklassen die Funktionalität der original API für die Programmiersprachen der .NET-Plattform bereit. Der Begriff *Managed* drückt aus, dass sogenannter *verwalteter Code* genutzt wird, d. h. der Programmcode wird bei der Ausführung von der .NET-Laufzeitumgebung überwacht [87]. Dies schließt unter anderem ein automatisches Speichermanagement ein.

Durch die Verwendung von Managed DirectX ist es möglich, die Visualisierung wie auch die Anlagensimulation mit der Programmiersprache C# zu erstellen. Die beiden Softwarekomponenten können darüber hinaus in einer gemeinsamen Entwicklungsumgebung verwaltet werden. Die Kopplung zwischen Anlagensimulation und Visualisierung kann über Objektzugriffe innerhalb der objektorientierten Programmierung erfolgen. Managed DirectX ist eine Low-level API. Das zur Entwicklung benötigte Software Development Kit (SDK) enthält jedoch auch eine Bibliothek mit höherwertigen Funktionen. Das Laden und Speichern von 3D-Objekten, die Darstellung von Text und die Erstellung von Animationen werden damit z. B. wesentlich vereinfacht. Zudem liefert das SDK mit dem *DirectX Sample Framework* bereits ein leistungsfähiges und robustes Grundgerüst, das als Basis für die Programmierung der Anlagenvisualisierung genutzt wird [87, 99]. Es kann kostenfrei auch für kommerzielle Zwecke verwendet werden und bietet viele Funktionen, welche die Erstellung der Visualisierung vereinfachen:

- Auswahl geeigneter Darstellungsparameter auf Basis der vorhandenen Grafikhardware

- Verwaltung des zentralen DirectX-Geräteobjektes (Erstellung, Reset, Fehlerbehandlung)

- diverse Kameramodelle zur Betrachtung der dargestellten Szene

- Elemente und Funktionen zur Erstellung einer grafischen Benutzeroberfläche

Die Vorteile der Verwendung von Managed DirectX liegen in der Durchgängigkeit der zur Umsetzung des Konzeptes verwendeten Programmiersprache sowie in der daraus resultierenden einfachen Interoperabilität der Komponenten Anlagensimulation und 3D-Visualisierung. Die technische Leistungsfähigkeit allein ist nicht ausschlaggebend; hier könnten ersatzweise auch andere Grafikbibliotheken, beispielsweise *OpenGL*, genutzt werden [164].

4. Realisierung eines neuen prototypischen Simulationssystems

Im vorherigen Kapitel wurde das Konzept für ein System entwickelt, dass eine produktbegleitende virtuelle Inbetriebnahme der betrachteten komplexen Förderanlagen ermöglicht. Das Konzept wurde im Rahmen dieser Arbeit in Form eines prototypischen Hardware-in-the-loop-Simulationssystems realisiert. Die Umsetzung wird im Folgenden anhand der einzelnen im Konzept geschilderten Systemkomponenten erläutert.

4.1. Erstellung des Umgebungsmodells

Das Umgebungsmodell ist ein Teil der Anlagensimulation und bildet den Streckenverlauf der EHB- oder FTS-Anlage ab. Es stellt über verschiedene Sensormarken die Daten für die virtuellen Sensoren bereit und umfasst sowohl eine logische Repräsentation, die intern für die Durchführung der Simulation verwendet wird, als auch eine grafische Repräsentation, welche für den Anwender in der 3D-Visualisierung sichtbar ist.

4.1.1. Vorhandene Datenbasis

Um den Streckenverlauf im Umgebungsmodell zu hinterlegen, wird auf die Datenbasis des Parameter- und Diagnoseprogrammes zurückgegriffen. Im Parameter- und Diagnoseprogramm existiert bereits die Infrastruktur, um einen Streckenverlauf durch einen CAD-Datenimport aus einer Layoutzeichnung oder durch manuelles Zeichnen zu erstellen (vgl. Abbildung 2.3 auf Seite

46). Sowohl für Elektrohängebahnen als auch für fahrerlose Transportsysteme wird der Streckenverlauf dabei vereinfacht aus geraden Streckensegmenten und Kreisbögen gebildet. Entsprechend der Fahrtrichtung weisen die einzelnen Segmente eine eindeutige Orientierung auf, d. h. Anfangspunkt und Endpunkt eines Segments sind klar definiert. Im Fall einer Elektrohängebahn entspricht der Streckenverlauf dem Verlauf der Fahrschienen, wobei an Verzweigungen Elemente eingefügt werden, welche die realen Weichen repräsentieren. Bei FTS-Anlagen bilden die Segmente die Leitlinie nach, entlang derer die Spurführung der Fahrzeuge erfolgt. In dieser Arbeit wurden nur ebene Förderanlagen betrachtet. Eine Erweiterung für Anlagen mit Steig- oder Gefällstrecken ist möglich. Erste Untersuchungen hierzu sind in [42] zu finden. Aufgrund der für Steig- oder Gefällstrecken notwendigen Erweiterungen werden jedoch die Algorithmen zur Erstellung entsprechender 3D-Volumenkörper und zur Positionierung von Fahrzeugen entlang der Strecke komplizierter.

Aus der im Parameter- und Diagnoseprogramm vorhandenen Datenbasis wird eine Konfigurationsdatei erstellt, die den logischen und geometrischen Streckenverlauf enthält. Diese Konfigurationsdatei im XML-Format bildet die Basis für die Erstellung des Umgebungsmodells. Sie wird im Folgenden auch als *Anlagenkonfigurationsdatei* bezeichnet. Listing 4.1 zeigt als Beispiel die Definition eines einzelnen Kurvensegments. Jedem Segment wird als eindeutiger Bezeichner eine *Segment-ID* zugeordnet. Die Start- und Endpunkte der Kurve sind als kartesische Koordinaten in Millimeter angegeben. Um die Segmente logisch zu verknüpfen, ist jeweils das Vorgänger- und Nachfolgersegment angegeben. Der Knoten `ProfileType` in Zeile 3 legt das zu verwendende Querschnittsprofil für die entsprechende 3D-Darstellung der Kurve fest. Im vorliegenden Beispiel wird das Profil einer EHB-Schiene gesetzt (EMS, engl.: *Electrical Monorail System*).

Einen Sonderstatus nehmen die Weichen einer Elektrohängebahn ein. Eine EHB-Weiche ist einerseits ein intelligentes Feldgerät, das vom Segmentcontroller verwaltet wird. Über die durch sie bewegten Streckensegmente ist sie jedoch auch als ein Teil der Fahrstrecke zu sehen. Vom Parameter- und Diagnoseprogramm werden für sie in der Anlagenkonfigurationsdatei ein Einfügepunkt und ein Weichentyp hinterlegt. Aus einer zweiten Konfigurationsdatei, welche die einzelnen Weichentypen näher beschreibt, können dann die ihr zugeordneten Weichensegmente ausgelesen werden. Die Weichen einer Elektrohängebahn werden in der Realität als fertige Module montiert, so dass sie für

Listing 4.1: Kurvensegment einer Fahrstrecke in der XML-Anlagenkonfigurationsdatei

```
1  <Curve>
2     <SegmentId>5</SegmentId>
3     <ProfileType>EMS</ProfileType>
4     <Start>
5        <PredecessorId>4</PredecessorId>
6        <X>54122</X>
7        <Y>2200</Y>
8        <Z>-7759</Z>
9     </Start>
10    <End>
11       <SuccessorId>6</SuccessorId>
12       <X>53122</X>
13       <Y>2200</Y>
14       <Z>-6759</Z>
15    </End>
16    <Angle>-90</Angle>
17 </Curve>
```

die Anlagensimulation ähnlich eines Baukastensystems nur einmal definiert und dann über Referenzen eingefügt werden können.

4.1.2. Interne Abbildung des Streckenverlaufs

Die oben beschriebene Anlagenkonfigurationsdatei ist eine Ausgabedatei des Parameter- und Diagnosetools und enthält die Fahrstrecke in der für XML-Dateien typischen Baumstruktur. Um den Streckenverlauf in der Anlagensimulation abbilden zu können, wird diese Datei eingelesen. Für die Anlagensimulation wurden Datenobjekte programmiert, welche die einzelnen Segmente der Fahrstrecke repräsentieren. Die Datenobjekte werden mit den Werten aus der Konfigurationsdatei initialisiert. Es wurde eine Objekttabelle implementiert, welche die Datenobjekte verwaltet und einen schnellen Zugriff auf die einzelnen Elemente über deren eindeutigen Bezeichner ermöglicht. Der gesamte Streckenverlauf ist somit in der Objekttabelle hinterlegt. Über die Vorgänger- und Nachfolgerbeziehungen zwischen den einzelnen Segmenten entsteht ein gerichteter und ggf. verzweigter Graph, der das in der Anlagensimulation verwendete Modell der Fahrstrecke darstellt. Für die Objekttabelle wurden Klassenmethoden erstellt, welche Segmente durch eine einfache Änderung der Vorgänger- und Nachfolgerbeziehungen logisch verbinden oder trennen. Mit Hilfe dieser Methoden wird auch die Schaltfunktion einer Weiche abgebildet, die jeweils ein zu- und abführendes Streckensegment je nach aktueller Schaltposition verbindet. Abbildung 4.1 zeigt ein vereinfachtes Klassendiagramm mit den relevanten Klassen und Methoden. Ein einzelnes Streckensegment (*TrackSegment*) mit verschiedenen Eigenschaften wie z. B. eindeutiger Bezeichner, Länge sowie Bezeichner des Vor- und Nachfolgersegmentes, wird aus der Anlagenkonfigurationsdatei erstellt. Die Objekttabelle (*TrackDescriptionTable*) ist von einem streng typisierten Verzeichnis (*Dictionary*) abgeleitet, und bietet unter anderem Klassenmethoden für das Hinzufügen, Verbinden und Trennen der von ihr verwalteten Streckensegmente.

4.1.3. 3D-Visualisierung der Fahrstrecke

Das Modell der Fahrstrecke in Form der Objekttabelle beinhaltet noch keine grafische Repräsentation. Es wurde daher ein Algorithmus entwickelt, der aus den geometrischen Daten eines Streckensegmentes jeweils ein 3D-Modell für die Visualisierung erstellt. Eine Visualisierung der Strecke durch ein Baukastensystem, das bereits vordefinierte grafische Elemente enthält, ist hier nicht möglich. Weder für Elektrohängebahnen noch für fahrerlose Transportsysteme gibt es allgemein gültige Vorgaben für die Streckengeometrie. Insbesondere bei den hier betrachteten leitliniengestützten FTS-Anlagen können die Kurvenradien in weitem Maße frei gewählt werden. Die sinnvolle Begrenzung eines Baukastens mit vorgefertigten Streckensegmenten ist daher nicht möglich.

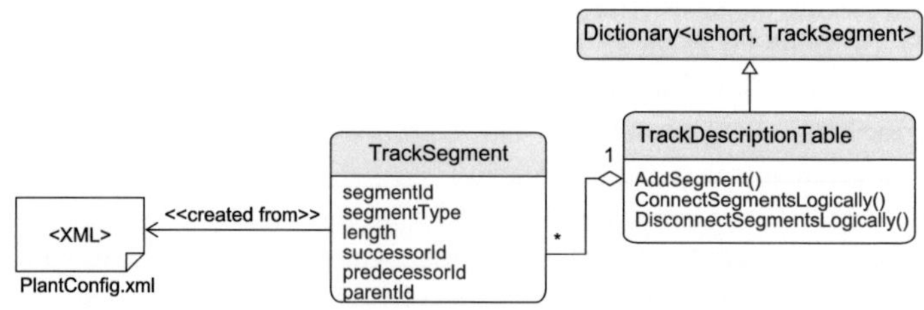

Abbildung 4.1.: Implementierte Objekttabelle zur Modellierung des Streckenverlaufs einer EHB und eines FTS (vereinfachtes Klassendiagramm).

Der entwickelte Algorithmus, der nachfolgend beschrieben wird, erstellt daher die für die 3D-Visualisierung benötigten Segmente der Fahrstrecke direkt aus den gegebenen Geometriedaten der Geraden- und Kreisbogensegmente. Dazu wird ein Querschnittsprofil entlang der Segmente extrudiert. Das für die Schienen einer Elektrohängebahn verwendete Profil orientiert sich an dem in VDI-Richtlinie 3643 beschriebenen Querschnittsprofil für Schienen einer Leichtlast-EHB mit bis zu 500 kg Traglast [105]. Bei der Visualisierung von FTS-Anlagen wird ein einfaches Rechteckprofil verwendet. Es dient dazu, den Verlauf einer optischen bzw. induktiven Leitlinie zu markieren. Beide Querschnittsprofile sind in Abbildung 4.2 dargestellt.

Die gebräuchlichste Methode für die Visualisierung dreidimensionaler Objekte ist die Verwendung gefüllter Polygone [3]. Für die mit DirectX realisierte dreidimensionale Darstellung werden die Objekte durch ein Netz aus Dreiecken abgebildet, das die Oberfläche der Objekte formt. Die verwendeten Querschnittsflächen der Streckensegmente sind durch Angabe ihrer Eckpunkte sowie der verbindenden Kanten definiert. Ein Eckpunkt wird im Weiteren auch, der englischen Fachsprache folgend, als *Vertex* bezeichnet (Mehrzahl: *Vertices*). Für jeden Vertex wird zudem eine Normalenrichtung vorgegeben, über die eine korrekte Berechnung der Schattierung der angrenzenden Dreiecke möglich ist.

Der erstellte Algorithmus führt eine Extrusion aus, die aus der Querschnittsfläche des Streckenprofils ein dreidimensionales Polygonnetz erzeugt. In Ab-

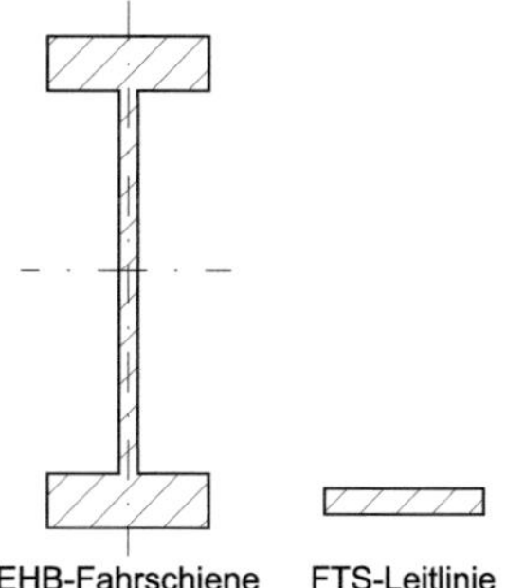

Abbildung 4.2.: Querschnittsprofile, die für die Visualisierung der Fahrstrecke verwendet werden.

bildung 4.3 ist dies am Beispiel eines Kurvensegmentes schematisch darge-stellt. Das verwendete kartesische Koordinatensystem weist die bei DirectX standardmäßig genutzte linkshändige Orientierung auf, bei der die y-Achse in Höhenrichtung zeigt. Die Extrusion erfolgt gemäß der Abbildung in mehreren Schritten:

1. Der Mittelpunkt des zu erstellenden Kurvensegments wird im Ursprung angenommen. Die zu Beginn am Ursprung in der y-z-Ebene liegen-de Querschnittsfläche wird um die y-Achse gedreht und entlang des Radius-Vektors des gegebenen Kreisbogens verschoben. Sie liegt damit mit korrekter Orientierung am Beginn des Kreisbogens.

2. Die Querschnittsfläche wird mehrmals kopiert und um den Ursprung ge-dreht, so dass die Kopien entlang des Kreisbogens positioniert werden. Der dabei verwendete Drehwinkel ist abhängig von der Auflösung, die für die Annäherung des Kreisbogens durch einzelne Teilsegmente vorge-geben wird. Über eine entsprechende Definition der Verbindungskanten zwischen den Vertices der Querschnittsflächen entsteht das komplette Polygonnetz des Kurvensegmentes.

3. Da in Schritt eins der Mittelpunkt des Kurvensegmentes zur Vereinfa-chung des Erstellungsprozesses im Ursprung angenommen wurde, wird das fertige Segment in einem letzten Schritt an seine endgültige Position verschoben.

Die Erstellung von geraden Streckensegmenten verläuft ähnlich. Sie müssen jedoch nicht durch mehrere Teilsegmente angenähert werden, weshalb ihre Erstellung einfacher ist.

4.1.4. Implementierung von Sensormarken

Der Applikations-Systembaukasten beinhaltet verschiedene Sensorsysteme. Für die hier betrachteten Förderanlagen sind insbesondere Sensoren für die Positionserfassung der beweglichen Objekte (EHB-Fahrzeuge, EHB-Weichen, FTFs) von entscheidender Bedeutung. Je nach projektiertem Anlagentyp und den gestellten Anforderungen an die Förderanlage erfolgt die Auswahl des Sensorsystems, wobei ggf. auch mehrere Sensorsysteme in Kombination ein-gesetzt werden.

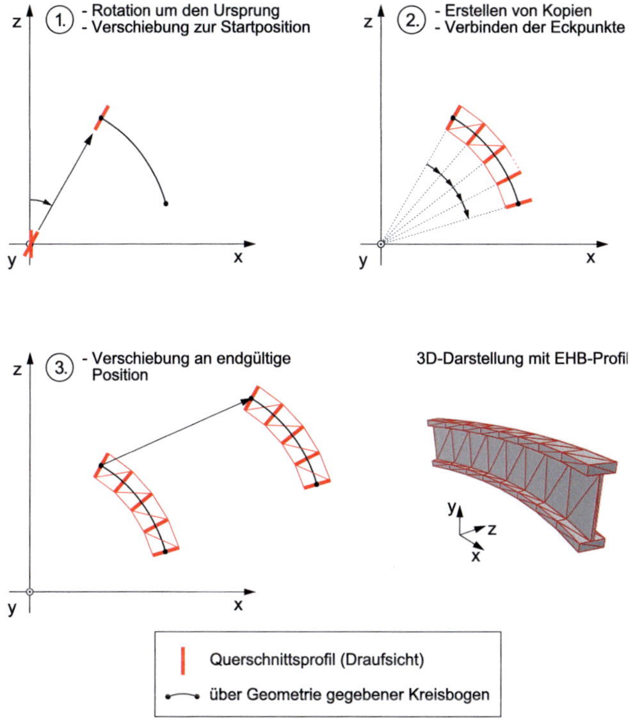

Abbildung 4.3.: Erstellung des Polygonnetzes für ein Kurvensegment der Fahrstrecke durch Extrusion eines Querschnittsprofils entlang eines Kreisbogens.

Bei der Systemlösung Elektrohängebahn kommt vornehmlich ein Barcode-Positioniersystem zum Einsatz. Entlang der Fahrschiene ist dabei ein selbstklebendes Polyesterband angebracht, auf dem mittels Strichcode die Positionsinformation fortlaufend codiert ist. Ein optisches Barcodelesegerät auf den Fahrzeugen tastet das Barcodeband ab und liefert den Positionswert an die auf der Fahrzeugsteuerung ablaufende Gerätesoftware. Reproduzierbare Positionsmessungen von ± 1 mm sind damit möglich [95].

Als weiteres Sensorsystem stellt der Applikations-Systembaukasten ein RFID-System bereit, das vornehmlich bei FTS-Anlagen zur Lagepeilung und Standortbestimmung der Fahrzeuge verwendet wird. Dabei werden entlang der gesamten Fahrstrecke in regelmäßigen Abständen Datenträger (Transponder) angebracht. Eine Leseeinheit an den Fahrzeugen ruft die Daten des Transponders ab, sobald sie sich in dessen Sendereichweite befindet. Über eine im System hinterlegte Zuordnungstabelle wird aus den abgerufenen Daten der Standort des Fahrzeuges ermittelt.

Für die Positionserfassung zwischen zwei Transpondern werden Absolutwertgeber oder am Fahrzeugantrieb angebrachte Resolver genutzt, die eine Berechnung der relativen Positionsänderung seit der letzten absoluten Positionserfassung ermöglichen. Diese beiden Systeme arbeiten prinzipbedingt ohne streckenseitig verfügbare Informationen. Für einfache Positionsrückmeldungen werden Näherungsschalter (Initiatoren) eingesetzt, beispielsweise für die Endlagenerkennung der EHB-Weichen.

Um die entlang der Fahrstrecke verfügbaren Sensorinformationen in der Anlagensimulation abzubilden, wurden entsprechend des Konzeptes Sensormarken implementiert. Die Sensormarken dienen den virtuellen Sensoren der simulierten Feldgeräte als Datenquelle zur Bestimmung des aktuellen Sensorwertes. Sie kennzeichnen die einzelnen Abschnitte der Fahrstrecke, in denen Daten für eine Auswertung durch ein Sensorsystem zur Verfügung stehen, und sind jeweils einem Streckensegment zugeordnet. Ihre Position wird durch die Angabe eines Streckensegmentes bestimmt und durch die Weglänge vom Anfang des Segments bis zur Marke. Durch den Vergleich mit der Position eines Sensors ergeben sich die an dieser Position verfügbaren Daten, welche der Sensor erfassen kann.

In Abbildung 4.4 ist schematisch ein einzelnes Segment der Fahrstrecke dargestellt. Für die Sensormarken wurden verschiedene Ebenen definiert, um die Daten für die einzelnen Sensorsysteme voneinander zu trennen. Abgebildet

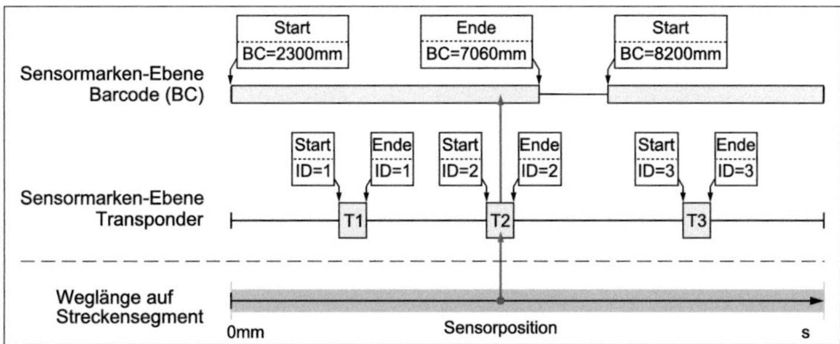

Abbildung 4.4.: Verwendung von Sensormarken zur Definition von verfügbaren Sensordaten.

sind neben dem eigentlichen Streckensegment die Sensormarken-Ebenen, die den Verlauf eines Barcodebandes sowie die Positionen von RFID-Transpondern markieren. An der gezeigten Sensorposition sind beispielsweise Daten für ein virtuelles Barcodelesegerät als auch für ein Transponderlesegerät verfügbar. Eine Sensormarke wird durch das Setzen auf eine der Ebenen einem Sensorsystem zugewiesen und durch mehrere Eigenschaften näher spezifiziert:

- Typ [Start/Ende]
  Eine Sensormarke des Typs „Start" kennzeichnet die Position, ab der Daten zur Verfügung stehen. Ab Marken des Typs „Ende" sind keine Daten verfügbar.

- Position
  Die Position der Sensormarke wird durch die Angabe der Weglänge in Millimeter ab dem Anfang des Streckensegmentes festgelegt und ermöglicht den Bezug zur Sensorposition.

- Datenfeld
  Im Datenfeld sind die an der Position der Sensormarke verfügbaren Daten hinterlegt. Für ein Barcodeband ist dies der codierte Positionswert in Millimetern. Repräsentiert die Sensormarke den Sendebereich eines Transponders, so enthält das Datenfeld die auf dem Transponder gespeicherten Daten.

- Datenverlauf [Konstant/Linearer zunehmend/Linearer abnehmend]
  Dieser Wert definiert den Verlauf der Daten bis zur nächsten Sensormar-

ke. Während die Daten eines Transponders im Sendebereich konstant bleiben, nimmt der im Barcodeband codierte Positionswert je nach Orientierung des Barcodebandes zu oder ab.

- Beschriftung
  Mit der Beschriftung kann ein Text hinterlegt werden, der die Sensormarke und ggf. die damit verbundene Position oder Anlagenfunktion näher beschreibt.

Die Installation der realen Sensorsysteme ist während der Montage der Förderanlage auszuführen und richtet sich nach der jeweils geforderten Anlagenfunktionalität. Wird im Umgebungsmodell der Anlagensimulation eine Sensormarke gesetzt, so entspricht dies jedoch einer Vorwegnahme der realen Installation. Die Positionierung der Sensormarken in der Anlagensimulation ist daher nicht beliebig, sondern muss nach Installationsrichtlinien des realen Systems erfolgen. Die Lage von RFID-Transpondern ist beispielsweise von den Haltepositionen abhängig, an denen ein Fahrzeug punktgenau anhalten muss. Auch die Sensormarken, welche die Transponder nachbilden, müssen dementsprechend gesetzt werden.

Die Verwendung der Sensormarken ist nicht auf die Segmente beschränkt, welche die eigentliche Fahrstrecke bilden. Sie werden auch für EHB-Weichen verwendet. Als Streckensegment wird dabei eine Gerade benutzt, die den Verfahrweg einer Weiche beschreibt. Da dieses Segment alleine der Positionierung von Objekten dient, wird es als *Positioniersegment* bezeichnet. Das hat zur Folge, dass keine grafische Repräsentation des Segments in der 3D-Visualisierung erstellt wird. Dennoch können auch für diese Segmente Sensormarken festgelegt werden, da die Positionierung und Auswertung der Sensormarken von der grafischen Darstellung unabhängig ist.

Für das Umgebungsmodell wurden Methoden implementiert, welche die Daten der Sensormarken in der Anlagenkonfigurationsdatei sichern, so dass beim Laden der Konfigurationsdatei auch die entsprechenden Sensormarken wieder erstellt werden können und keine Neudefinition erfolgen muss.

In der 3D-Visualisierung wurden für die verschiedenen Sensormarken entsprechende Symbole erstellt, die bei Bedarf eingeblendet werden können. Damit die Symbole aus verschiedenen Blickrichtungen sichtbar sind, werden sie immer zum Betrachter hin ausgerichtet. Abbildung 4.5 zeigt beispielhaft ein

Streckensegment mit zwei Sensormarken, die den Beginn und das Ende eines Barcodebandes kennzeichnen (BC Start/End), sowie die Sensormarke für einen RFID-Transponder. Die Position und der Typ der jeweiligen Sensormarke sind sofort ersichtlich. Werden weitergehende Informationen wie z. B. der genaue Positionswert oder die mit der Sensormarke verknüpften Daten benötigt, so können diese durch Auswählen eines Symbols mit der Maus in der Benutzeroberfläche angezeigt werden.

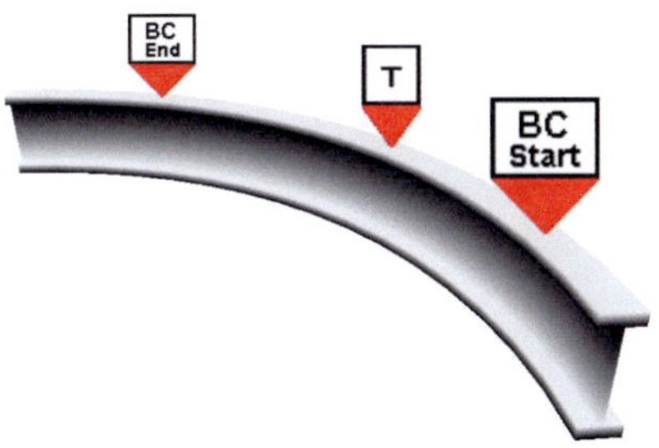

Abbildung 4.5.: Darstellung der Sensormarken in der 3D-Visualisierung.

4.1.5. Gebäudedarstellung

Für die 3D-Visualisierung wurde ein einfaches 3D-Gebäudemodell erstellt, das die jeweils simulierte Förderanlage umschließt. Das Gebäude in Form einer einfachen Fabrikhalle dient als Bezugsraum, ohne dessen Grundfläche das Erkennen des Bodenniveaus für den Anwender nicht möglich ist. Zu Gunsten der Übersichtlichkeit wird auf eine Darstellung der Deckenfläche verzichtet. Die Aufhängevorrichtungen, mit denen die Schienen einer realen EHB-Anlage an einer Decken- oder Tragkonstruktion befestigt sind, werden ebenfalls nicht dargestellt.

Das Gebäudemodell wird für die jeweils simulierte Förderanlage automatisch erstellt. Aus den geometrischen Daten des Streckenverlaufs werden hierzu die benötigten Gebäudeabmessungen abgeleitet und ein entsprechendes quaderförmiges 3D-Objekt erstellt, das die Anlage umgibt. Nach der Berechnung von Texturkoordinaten für die Eckpunkte des Quaders lassen sich Texturen auf den Wand- und Bodenflächen (z. B. für Steinwände und Betonboden) verzerrungsfrei darstellen.

Es wurde des Weiteren ein Algorithmus erstellt, über den eine CAD-Layoutzeichnung der Förderanlage maßstabsgetreu auf der Bodenfläche eingeblendet werden kann (siehe Abschnitt A.1 im Anhang). Dadurch sind für die Anlagenfunktion wichtige Haltepositionen sowie die Peripherie der Förderanlage, z. B. vor- oder nachgelagerte Systeme oder versorgte Arbeitsstationen, für den Anwender erkennbar, ohne dass aufwändige 3D-Geometrien hierfür erstellt werden müssen. Das Gebäudemodell mit eingeblendeter CAD-Layoutzeichnung ist in Abbildung 5.7 auf Seite 156 zu sehen.

4.2. Implementierung der Gerätemodelle

Ein simuliertes Feldgerät entsteht entsprechend des geschilderten Konzeptes aus einem in der Anlagensimulation verwalteten Gerätemodell und der jeweils zugehörigen Feldgerätesoftware. Das Gerätemodell wird benötigt, um das in Form der Gerätesoftware gegebene Verhaltensmodell eines Feldgerätes mit Daten zu versorgen. Dies betrifft sämtliche Schnittstellen der Gerätesoftware, die für einen Betrieb des Feldgerätes notwendig sind, aber mangels realer Komponenten durch eine Simulation bedient werden müssen. Abbildung 4.6 zeigt die Gerätemodelle, die für das prototypische Simulationssystem implementiert wurden. EHB- und FTS-Fahrzeuge werden durch ein einziges Gerätemodell abgebildet, das jeweils für den entsprechenden Gerätetyp konfiguriert wird. EHB-Weichen und lokale Handbediengeräte verfügen jeweils über eigene Modelle.

4.2.1. Herleitung eines Kinematikmodells zur Positionierung der bewegten Objekte

Die Hauptfunktionalität der hier betrachteten Förderanlagen entsteht durch die Bewegung der Transportfahrzeuge. Um diese Bewegungen auch in der Anlagensimulation abbilden zu können, musste die Fortbewegung der Fahrzeuge

	Fahrzeug	EHB-Weiche	Lokales Handbediengerät
Typ/ Eigenschaften	- EHB oder FTS - ein/- zweiachsig - Bewegung entlang Streckenverlauf	- stationär, Schaltbewegung quer zum Streckenverlauf	- stationär - parametrierbare Belegung der Drucktaster
verwendete Sensoren	- Barcodelesegerät - Transponderlesegerät - Absolutwertgeber/ Resolver	Näherungsschalter	Keine
Aktoren	Getriebemotor	Getriebemotor	Keine
Verwendung digitaler Ein-/Ausgänge	- beleuchtbare Drucktaster - NOT-AUS Schlagtaster - Signal-/Warnleuchten	mit Näherungsschalter verknüpft	- beleuchtbare Drucktaster - NOT-AUS Schlagtaster

Abbildung 4.6.: Übersicht der erstellten Gerätemodelle.

entlang der Fahrstrecke modelliert werden. Hierfür wurden geeignete Algorithmen entwickelt. Die Fahrstrecke selbst ist durch die bereits geschilderte Objekttabelle gegeben, die sämtliche Streckensegmente jeweils mit Vorgänger- und Nachfolgersegment enthält.

Die Fahrzeuge einer EHB sind an die aus Fahrschienen bestehende Fahrstrecke gebunden. Leitliniengeführte fahrerlose Transportfahrzeuge können prinzipiell die Leitlinie verlassen, sofern keine mechanischen Führungen verwendet werden. Dies stellt jedoch einen Sonderfall dar, auf den hier nicht weiter eingegangen wird. Für beide Systemlösungen (EHB und FTS) wird eine strikte Führung entlang der geometrischen Grundsegmente (Kreisbogen und Gerade) angenommen, welche die Fahrstrecke bilden. Dadurch ist es möglich, in der Anlagensimulation für beide Systeme die gleiche Vorgehensweise zur Positionierung und Fortbewegung der Objekte zu nutzen. Für zweiachsige EHB-Fahrzeuge und fahrerlose Transportfahrzeuge wurde ein einheitliches kinematisches Grundmodell hergeleitet, das in Abbildung 4.7 dargestellt ist. Es besteht aus einer drehbar gelagerten Vorder- und Hinterachse, die über einen festen Achsabstand L miteinander verbunden sind. Die Drehpunkte der Vorder- und Hinterachse P_1 und P_2 verbleiben stets auf der idealen Fahrstrecke. Die Kinematik mehrachsiger fahrerloser Transportfahrzeuge, bei denen nur an der Vorderachse eine Führung an den Leitlinien erfolgt, kann daher in der Anlagensimulation nur näherungsweise abgebildet werden. In der Realität

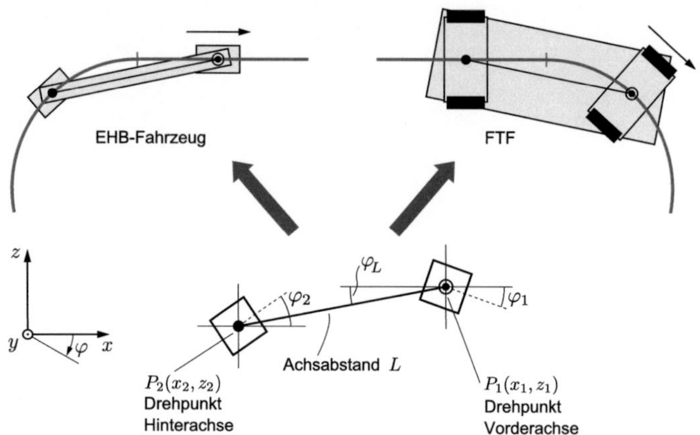

Abbildung 4.7.: Einheitliches Kinematikmodell für zweiachsige EHB-
und FTS-Fahrzeuge (Draufsicht).

durchfahren die nachlaufenden, nicht geführten Achsen während der Kurvenfahrt eine Schleppkurve, die von der Bahnkurve der Vorderachse abweicht.
Die in der Anlagensimulation verwendeten Gerätemodelle bilden das nicht ab.
Diese kinematische Ungenauigkeit ist hier tolerierbar, da der zur Positionserfassung und Wegmessung genutzte Referenzpunkt der Fahrzeuge vorzugswei-
se nahe einer geführten Achse festgelegt wird. Mit steigender Fahrzeuglänge
wächst zudem die Notwendigkeit, mehr als eine spurgeführte Fahrachse zu
verwenden, so dass der für die Kurvenfahrt benötigte Flächenbedarf redu-
ziert wird.

Zur Abbildung der Kinematik wurden im Programmcode Führungspunkte
modelliert, die sich ausschließlich entlang der geometrischen Grundsegmente
(Kreisbogen und Gerade) bewegen können. Die Position eines solchen Punktes
ist durch Angabe des aktuellen Segmentes und durch die Weglänge, die auf
dem Segment zurückgelegt werden muss, um den Punkt zu erreichen, eindeutig bestimmt. Die aktuelle Position des Punktes wird aus einer vorgegebenen
Geschwindigkeit durch einfache Euler-Integration bestimmt. Die Geschwindigkeit des Punktes wird dazu zwischen zwei Simulationszyklen t_0 und t_1 als
konstant angenommen (v_0), wodurch die Positionsänderung Δs entlang des
Segmentes einfach zu

$$\Delta s = v_0 \cdot (t_1 - t_0)$$

berechnet werden kann. Liegt ein Führungspunkt nach Berechnung der Positionsänderung nicht mehr auf dem ursprünglichen Segment, so wird er je nach Bewegungsrichtung auf das Vorgänger- oder Nachfolgersegment verschoben, welches in der Objekttabelle des Streckenverlaufs hinterlegt ist. Falls kein gültiges Vorgänger- oder Nachfolgersegment vorhanden ist, wird dies als Erreichen eines mechanischen Anschlages gedeutet und dem Anwender entsprechend signalisiert. Bei EHB- oder FTS-Fahrzeuge liegen die Führungspunkte, wie in Abbildung 4.7 dargestellt, auf den Drehpunkten der Achsen.

Das Kinematikmodell für Fahrzeuge, die nur über eine einzelne Achse an die Fahrstrecke gebunden sind, ist trivial und besteht aus einem einzelnen Führungspunkt. Dieses Modell kann zum Beispiel für EHB-Fahrzeuge verwendet werden, die nur über ein Fahrwerk an der Fahrschiene aufgehängt sind. Die jeweilige Position und Orientierung der Fahrzeuge ist dann durch die Position P_1 auf der Fahrstrecke und den Winkel φ_1 eindeutig bestimmt, wobei sich φ_1 aus dem Tangentenvektor an die Fahrstrecke im Punkt P_1 ergibt.

Bei zweiachsigen Fahrzeugen sind zwei Führungspunkte für die Vorder- und Hinterachse über die Lasttraverse bzw. den Fahrzeugrahmen miteinander gekoppelt. Über die Zwangsbedingung

$$\sqrt{\left(x_2 - x_1\right)^2 + \left(z_2 - z_1\right)^2} = L = const.$$

für den konstanten Achsabstand L kann aus der Positionsänderung des ersten Führungspunktes auch die entsprechende Position des zweiten Führungspunktes berechnet werden. Der erstellte Algorithmus zur Berechnung der Positionsänderung eines zweiachsigen Fahrzeuges wird in Abschnitt A.2 im Anhang näher erläutert. In Abbildung 4.8 ist eine Aktualisierung der Fahrzeugposition für zwei Streckenpositionen schematisch dargestellt. Bedingt durch die Kopplung weicht der Positionsfortschritt der Vorderachse (Δs_1) von dem der Hinterachse (Δs_2) ab, sofern sich jeweils ein Führungspunkt auf einem Kurvensegment und auf einer Geraden befindet.

Für die Schiebeweichen einer Elektrohängebahn werden die bereits genannten Positioniersegmente genutzt. Abbildung 4.9 zeigt schematisch die Endlagen einer EHB-Weiche. Die Positioniersegmente, die nicht in der Visualisierung dargestellt werden, beschreiben den Fahrweg, entlang dessen alle an der Weiche montierten Streckensegmente während des Schaltvorgangs parallel verschoben werden. Dadurch können auch für den Fahrweg der Weichen Sensor-

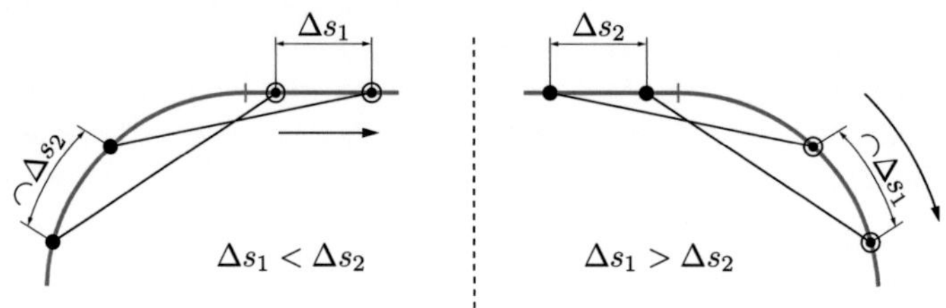

Abbildung 4.8.: Bewegung der Führungspunkte eines zweiachsigen Fahrzeuges entlang der Fahrstrecke.

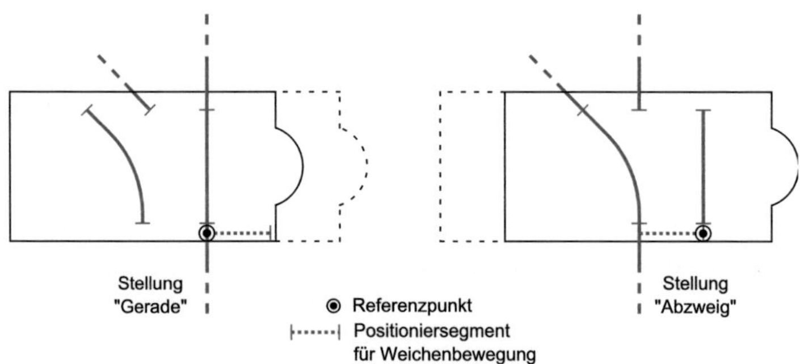

Abbildung 4.9.: Bewegung der Streckensegmente einer EHB-Weiche entlang eines Positioniersegmentes.

marken definiert werden, die z. B. eine Endlagenerkennung über Initiatoren in der Anlagensimulation gestatten. Die Position des Referenzpunktes der Weiche auf dem Positioniersegment bestimmt ebenfalls die aktuelle Position der verschiebbaren Segmente.

4.2.2. Modellierung der virtuellen Sensoren und Aktoren

Die Modellierung der virtuellen Sensoren erfolgte mit dem Ziel, die von der Gerätesoftware benötigten Sensorwerte in der Anlagensimulation zu berechnen. Virtuelle Aktoren müssen hingegen eine Bewegung in der Anlagensimulation auslösen, die z. B. über die Sensorik zur Wegmessung wieder erfasst werden kann.

Die Sensor- und Aktorsysteme wurden zum Zweck der Anlagensimulation nicht mit dem höchstmöglichen Detaillierungsgrad modelliert. Es findet eine Abstraktion statt, welche die Systeme auf die benötigten Grundfunktionalitäten beschränkt. Eine detailliertere Modellierung ist möglich, sie wird jedoch durch die Rechenkapazität der verwendeten Simulations-Hardware begrenzt.

Barcodelesegerät

Die implementierten virtuellen Barcodelesegeräte verarbeiten die im Umgebungsmodell definierten Sensormarken, welche ein virtuelles Barcodeband beschreiben. Sie sind jeweils an einen Führungspunkt eines Fahrzeuges gebunden, das sich entlang der Fahrstrecke bewegt. Abbildung 4.10 veranschaulicht an einem konkreten Zahlenbeispiel die Bestimmung eines Sensorwertes für eine gegebene Fahrzeugposition. Über einen konstanten Offset-Wert kann die Position des Lesegerätes relativ zum zugeordneten Führungspunkt konfiguriert werden. Über die aktuelle Position des Führungspunktes ist damit auch die Position des virtuellen Barcodelesegerätes gegeben. Durch einen Vergleich der Sensorposition mit den für das aktuelle Segment definierten Sensormarken wird der im virtuellen Barcodeband gelesene Positionswert ermittelt. Im gezeigten Fall ergibt er sich aus dem Wert des Barcodebandes an der letzten Sensormarke (BC = 8200 mm) und der Differenz zwischen der Sensorposition (6200 mm) und der Position der Sensormarke (5700 mm). Im Gegensatz zum realen System, bei dem das Barcodelesegerät einen fächerförmigen

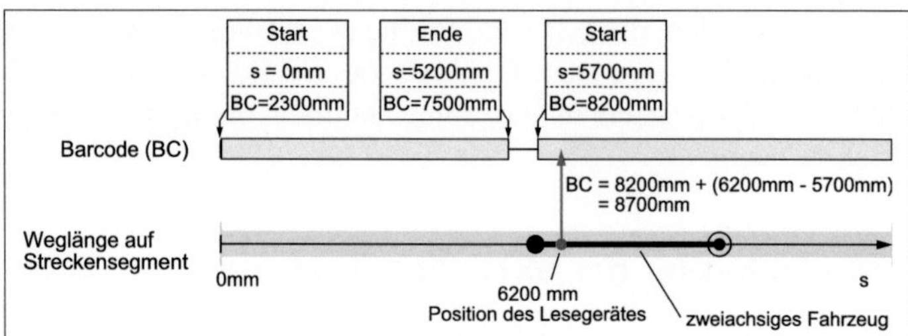

Abbildung 4.10.: Beispielhafte Berechnung des Sensorwertes eines virtuellen Barcodelesegerätes.

Scanbereich aufweist, wurde hier vereinfacht eine punktförmige Abtastung des Barcodebandes modelliert. Ebenfalls nicht betrachtet wird eine mögliche Verschmutzung des Barcodebandes oder der Optik des Lesekopfes, die zu Lesefehlern führen könnte. Dies kann jedoch direkt über die Vorgabe eines Fehlercodes simuliert werden (vgl. Abschnitt 4.5).

Ein virtuelles Barcodelesegerät hält Statusdaten für die Übermittlung an die Gerätesoftware bereit. Neben dem ermittelten Positionswert zählt dazu ein Statuswort. Im Statuswort wird der allgemeine Zustand des Sensorsystems (on-/offline, Fehler, kein gültiger Positionswert) durch entsprechende Bitmasken codiert.

Transponderlesegeräte

Die im Programmcode modellierten Transponderlesegeräte werden wie die oben beschriebenen Barcodelesegeräte an einen Führungspunkt eines Fahrzeuges gebunden. Die für die Transponder definierten Sensormarken kennzeichnen jeweils paarweise den Beginn und das Ende des Sendebereichs eines Transponders (vgl. Abbildung 4.4). Liegt die Position des virtuellen Lesegerätes in diesem Bereich, dann werden die mit den Sensormarken definierten Nutzdaten als aktuell gelesene Daten gesetzt. Der in der Realität keulenförmig ausgeprägte Bereich, in dem ein RFID-Transponder ausgelesen werden kann, wird somit als einfacher linearer Abschnitt entlang der Fahrstrecke abgebildet, dessen Länge aus Datenblättern des verwendeten RFID-Systems bestimmt werden kann. Die von einem Transponderlesegerät an die Gerätesoftware zu übermittelnden Daten bestehen aus den aktuell gelesenen Daten sowie aus Zustandsdaten des Sensors.

Näherungsschalter

Näherungsschalter werden im betrachteten Applikations-Systembaukasten für die Endlagenerkennung der EHB-Weichen eingesetzt. Ihre für die Anlagensimulation erstellten virtuellen Gegenstücke bilden den dritten Sensortyp neben Barcode- und Transponderlesegeräten, der auf Sensormarken zurückgreift.

Die für die Modellierung der Näherungsschalter benötigten Sensormarken liegen auf dem Positioniersegment, entlang dessen die Verfahrbewegung der Weiche stattfindet (vgl. Abbildung 4.9). Durch einen Vergleich des Referenzpunktes der Verfahrbewegung mit der Lage der Sensormarken wird bestimmt, ob ein virtueller Näherungsschalter auslöst. Wie bei Transponderlesegeräten wird damit auch der Bereich, in dem ein Näherungsschalter aktiviert wird, vereinfacht als linearer Abschnitt abgebildet. Ein Näherungsschalter meldet keine Daten an die Gerätesoftware der Weiche zurück. Ihm ist jedoch ein digitaler Eingang der Gerätesoftware zugeordnet, der im Falle eines Auslösens als aktiv gesetzt wird.

Absolutwertgeber und Resolver

Wenn kein absolutes Positionsmesssystem entlang der gesamten Fahrstrecke eingesetzt wird, müssen die Fahrzeuge mit Hilfe relativer Wegmesssysteme ihre aktuelle Position zwischen festen Peilmarken (z. B. Transpondern) bestimmen. Zu den hierbei verwendeten Systemen zählen Absolutwertgeber und Resolver.

Ein Absolutwertgeber erfasst die Umdrehungen eines am Fahrzeug angebrachten, mitlaufenden Messrads. Daraus wird intern ein Absolutwert gebildet, der über den gesamten Messbereich des Gebers eindeutig ist. Der Wert wird an die Gerätesoftware des Fahrzeugs übermittelt. Über einen Umrechnungsfaktor, der von den Abmessungen des Messrades sowie von der Auflösung des Gebers abhängt, wird daraus die gefahrene Weglänge berechnet. Das für die Anlagensimulation erstellte Modell eines Absolutwertgebers umfasst im Wesentlichen die Bildung des Absolutwertes über entsprechende Zählvariablen.

Ein virtueller Absolutwertgeber wird an einen Führungspunkt eines Fahrzeuges gebunden. Über die Positionsänderung des Führungspunktes wird der Absolutwert mit Hilfe einer konfigurierbaren Auflösung des virtuellen Gebers berechnet.

Ein am Antriebsmotor des Fahrzeugs angebrachter Resolver erfasst die Winkellage des Rotors. Die Auswerteeinheit im zugehörigen Antriebsumrichter berechnet daraus wiederum einen absoluten Zahlenwert, der an die Gerätesoftware gesendet wird. Da der Antriebsumrichter aufgrund seiner Komplexität im Rahmen der virtuellen Inbetriebnahme nicht nachgebildet wurde, können auch Resolver nicht direkt abgebildet werden. Aus Sicht der Gerätesoftware der Fahrzeuge liefern sowohl Absolutwertgeber als auch Resolver einen absoluten Zahlenwert, aus dem eine Wegstrecke in Millimetern berechnet wird. Als Ersatzmodell für einen Resolver wird deshalb ebenfalls das Modell des Absolutwertgebers genutzt. Im Unterschied zum Absolutwertgeber wird der durch den Resolver gebildete Positionswert bei einem Neustart des Antriebsumrichters zurückgesetzt. Dieser Unterschied wird in der Anlagensimulation nicht abgebildet, da ein Neustart im normalen Anlagenbetrieb nur im Ausnahmefall auftritt. An einem realen Fahrzeug führen der auftretende Schlupf zwischen Fahrweg und Rädern sowie die durch Abnutzung verursachten Veränderungen der Radumfänge zu einer fehlerbehafteten Positionsberechnung durch relative Wegmesssysteme. Zur Vereinfachung wurden diese Effekte in der Anlagensimulation vorerst nicht berücksichtigt.

Spurführungsantennen

Fahrerlose Transportfahrzeuge des Applikations-Systembaukastens verwenden Spurführungsantennen, um der optischen oder induktiven Leitlinie zu folgen, die den Streckenverlauf des FTS beschreibt. Für die Anlagensimulation wurde von einem idealen Verhalten der Spurführungsantenne ausgegangen. Durch das verwendete Kinematikmodell kann ein FTF seine vorgegebene Fahrstrecke, auf der die geführten Achsen mittig positioniert werden, nicht verlassen. Die Spurführung quer zur Fahrstrecke ist daher immer gegeben. Eine wichtige Aufgabe übernimmt eine Spurführungsantenne jedoch an Verzweigungen des Streckennetzes. Dort wird über ein Steuerkommando an die Antenne bestimmt, welcher Abzweig zur weiteren Spurführung genutzt wird.

Das im Rahmen der vorliegenden Arbeit in Form von Programmcode erstellte Modell einer Spurführungsantenne erhält von der Gerätesoftware dieses Steuerkommando. An Abzweigungen greift die virtuelle Spurführungsantenne auf die Objekttabelle zu, in der die Streckensegmente des Fahrkurses hinterlegt sind. Durch eine Änderung der Vorgänger- und Nachfolgerbeziehungen wird der Schaltvorgang modelliert und das Fahrzeug folgt der vorgegebenen Abzweigung.

Antriebsmotoren

Die verschiedenen Antriebe, die bei EHB-Fahrzeugen und Weichen sowie bei fahrerlosen Transportfahrzeugen zum Einsatz kommen, wurden als ideale Übertragungsglieder modelliert. In den hier betrachteten Systemlösungen sendet die jeweilige Gerätesoftware das Antriebskommando in Form einer Geschwindigkeits-Sollwertvorgabe an den Antriebsumrichter. Dieser übernimmt daraufhin die Ansteuerung des Motors unter Beachtung der jeweils gültigen Beschleunigungsrampen. Die Gerätemodelle in der Anlagensimulation übernehmen direkt die Sollwertvorgabe der zugeordneten Gerätesoftware, da der Antriebsumrichter selbst nicht nachgebildet wird. Die kommandierte Geschwindigkeit wird als aktuelle Geschwindigkeit gesetzt und zur Positionsberechnung genutzt.

4.2.3. Modellierung der digitalen Ein-/Ausgänge

Die Einplatinenrechner der Feldgeräte verfügen über digitale Ein- und Ausgänge, die von der Gerätesoftware verwaltet werden. Sie werden genutzt, um externe Zustände zu erfassen, oder um interne nach außen zu signalisieren. Im Folgenden gilt die Konvention, dass die Bezeichnung aus Sicht der Gerätesoftware erfolgt. Die Feldgerätesoftware verarbeitet digitale Eingänge und stellt digitale Ausgänge nach außen zur Verfügung.

Die digitalen Ein-/Ausgänge werden im erstellten Programmcode mit Variablen abgebildet, deren Größe im Speicher (Anzahl der Bits) die Anzahl der benötigten Ein- bzw. Ausgänge abdeckt. Jedem digitalen Ein-/Ausgang ist ein Bit der Variable zugeordnet, das den aktuellen Signalzustand repräsentiert.

In der Anlagensimulation verwenden die Gerätemodelle der Transportfahrzeuge und der lokalen Handbediengeräte die digitalen Eingänge zur Anbindung von virtuellen Drucktastern und NOT-AUS-Schlagtastern. Durch entsprechende Interaktionsmöglichkeiten, die in der 3D-Visualisierung implementiert wurden, können die Bedienelemente wie an der realen Anlage verwendet werden. Die digitalen Ausgänge beschalten virtuelle Signal- oder Warnleuchten, die in der Visualisierung dargestellt werden. Die Näherungsschalter an den EHB-Weichen, die zur Endlagenerkennung genutzt werden, signalisieren ihr Auslösen ebenfalls über entsprechende Digitaleingänge der Gerätesoftware. Die Verknüpfung der digitalen Ein-/Ausgänge mit Funktionen in der Anlagensimulation wurde durch entsprechende Konfigurationsdateien realisiert.

4.2.4. Geometrie und Visualisierung der Feldgeräte

Mit Hilfe der bisher geschilderten Funktionen können mobile Feldgeräte entlang der Fahrstrecke positioniert und bewegt werden. Durch die virtuellen Sensoren und Aktoren sowie die digitalen Ein-/Ausgänge wurde zudem die Grundlage für die später beschriebene Einbindung der jeweiligen Gerätesoftware geschaffen. Für die Anlagensimulation werden jedoch auch Daten benötigt, welche die Geometrie der simulierten Feldgeräte beschreiben und im Rahmen der 3D-Visualisierung eine realitätsnahe Darstellung ermöglichen.

EHB- und FTS-Fahrzeuge

Die Geometrie der EHB- und FTS-Fahrzeuge wird in der Regel durch CAD-Daten beschrieben, die im Zuge der Mechanikkonstruktion der Anlage erstellt werden. Mit einem 3D-Modellierwerkzeug erfolgt die Aufbereitung der Daten für die 3D-Visualisierung der Förderanlage. Liegen die Daten nur als zweidimensionale CAD-Zeichnung vor, so muss daraus ein 3D-Modell in Form eines dreidimensionalen Polygonnetzes erstellt werden. Daten in einem 3D-CAD-Format können oftmals direkt eingelesen werden. Danach ist jedoch eine Vereinfachung des detaillierten 3D-Modells erforderlich, um die Anzahl der Polygone zu verringern und somit eine leistungsfähigere Darstellung der Objekte zu erreichen.

Das für die Bewegung eines Fahrzeugs entwickelte Kinematikmodell beinhaltet die Definition von Führungspunkten, die sich entlang der Fahrstrecke bewegen, sowie eine Kopplung zweier Führungspunkte im Fall von zweiachsigen Fahrzeugen (vgl. Abbildung 4.7). Für die Anlagensimulation wurde ein Algorithmus entwickelt, der ein 3D-Modell eines Fahrzeugs automatisch mit einem Kinematikmodell verknüpft (siehe Abschnitt A.3 im Anhang). Der Algorithmus durchsucht das 3D-Modell nach vordefinierten Merkmalen, welche eine Zuordnung von Elementen des Geometriemodells zu entsprechenden Elementen des Kinematikmodells ermöglichen. Hierzu müssen Vorgaben für den Aufbau der 3D-Modelle aufgestellt werden. Einem 3D-Modell, das nach diesen Vorgaben aufgebaut ist, kann das entsprechende Kinematikmodell automatisch zugeordnet werden. Das garantiert die korrekte Positionierung der Modelle im 3D-Koordinatensystem der Anlagensimulation, das im Folgenden als Weltkoordinatensystem bezeichnet wird. Die korrekte Positionierung ist nicht nur für die Visualisierung notwendig, sondern auch für eine korrekte Kollisionserkennung zwischen den simulierten Fahrzeugen.

Die Positionierung eines 3D-Objektes erfolgt durch eine Koordinatentransformation, die es vom Objektkoordinatensystem in das Weltkoordinatensystem überführt. Das Objektkoordinatensystem ist das Koordinatensystem, in dem das Modell selbst, d. h. die Eckpunkte seines Polygonmodells, beschrieben ist. Es ist in der Regel durch das Modellierwerkzeug bestimmt, in dem das Modell erstellt oder bearbeitet wird. Nach der Konvertierung in ein von DirectX lesbares Datenformat kann das 3D-Modell in der Anlagensimulation verwendet werden.

Für Fahrzeuge, die nur durch einen einzelnen Führungspunkt an die Fahrstrecke gebunden sind, sind die Modellvorgaben trivial. Der Ursprung des Objektkoordinatensystems entspricht hier dem späteren Führungspunkt. Abbildung 4.11 zeigt das erstellte Modell eines EHB-Fahrzeuges mit nur einem Fahrwerk. Der Führungspunkt ist durch das Achsenkreuz markiert und ein Streckensegment mit EHB-Profil zur Verdeutlichung halb transparent eingeblendet.

Für 3D-Modelle, die mit dem Kinematikmodell für zweiachsige Fahrzeuge verknüpft werden sollen, wird ein hierarchischer Modellaufbau vorgeschrieben. Einzelne Komponenten des Modells, sogenannte *Frames*, sind dabei als Baumstruktur angeordnet. Wird ein Frame transformiert, z. B. verschoben oder rotiert, so wird die Transformation auch auf sämtliche in der Baumstruktur darunter liegende Frames angewendet. Entsprechend dem Kinematikmodell muss das Modell eine grundlegende hierarchische Anordnung von

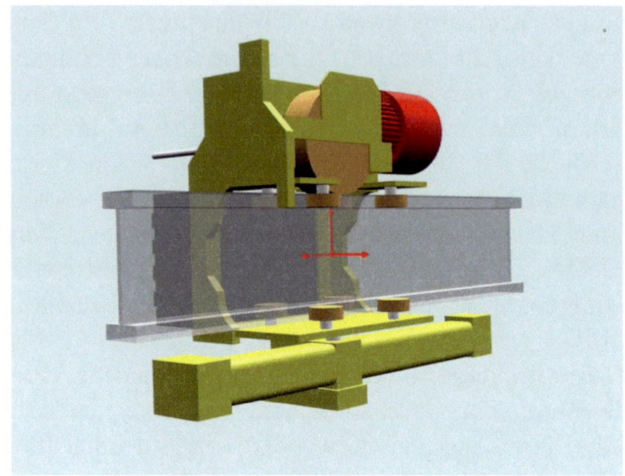

Abbildung 4.11.: 3D-Modell eines EHB-Fahrzeuges mit nur einem Fahrwerk. Der Führungspunkt liegt zentrisch im Querschnittsprofil der
Fahrstrecke.

Vorderachse, Koppelelement und Hinterachse aufweisen. Abbildung 4.12 zeigt
dies am Beispiel eines 3D-Modells für ein EHB-Fahrzeug, das im Rahmen
der vorliegenden Arbeit erstellt wurde. Durch die Verwendung einer Frame-
Hierarchie können den Elementen des Kinematikmodells die jeweiligen Frames
des 3D-Modells einfach zugeordnet werden. Aus dem Kinematikmodell folgen
die Positionen der beiden Führungspunkte sowie der Winkel, den das Koppelelement zwischen den Führungspunkten bildet. Die Frames für Vorder-
und Hinterachse werden in der 3D-Visualisierung korrekt zum befahrenen
Streckensegment ausgerichtet. Hierfür wird der Tangentialvektor entlang der
Fahrstrecke im jeweiligen Führungspunkt berechnet.

Trotz der Vorgaben für die Modellierung, die eine einfache Integration neuer Fahrzeugmodelle in die Anlagensimulation ermöglichen, ist der Aufwand
zur Erstellung der Modelle nicht unwesentlich. Für eine komplette Neuerstellung muss ein Anwender über gute Kenntnisse eines 3D-Modellierwerkzeuges
verfügen. Abhilfe schaffen hier zum Teil Standardmodelle, die im Rahmen
dieser Arbeit für EHB- und FTS-Fahrzeuge erstellt wurden. Die Standardmodelle dienen als Vorlagen, die für den konkreten Einsatzfall lediglich in
ihren Abmessungen angepasst werden müssen. Eine möglichst originalgetreue

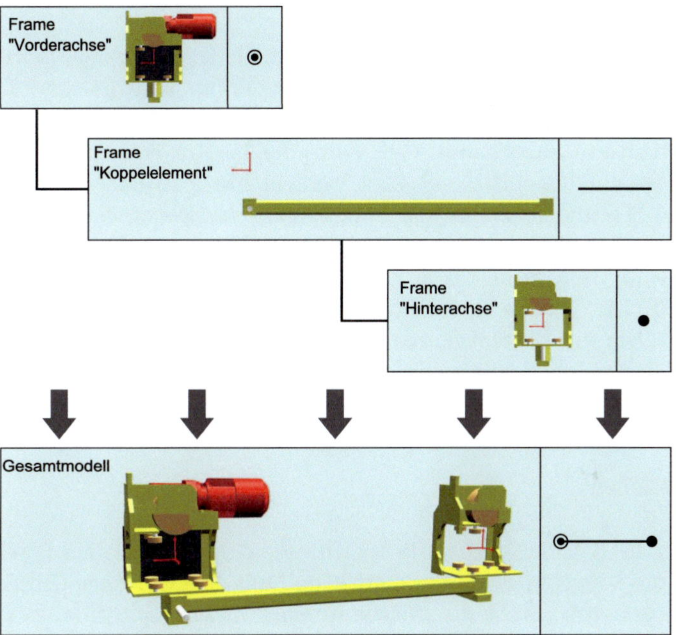

Abbildung 4.12.: Aufbau eines 3D-Modells zweiachsiger Fahrzeuge durch eine Frame-Hierarchie mit benannten Frames am Beispiel eines EHB-Fahrzeuges. Rechts ist jeweils symbolhaft die zugehörige Komponente des Kinematikmodells zu sehen.

Darstellung der Transportfahrzeuge ist für Präsentationszwecke sinnvoll. Für eine Simulation der Förderanlagen im Rahmen der virtuellen Inbetriebnahme haben jedoch die äußeren Abmessungen der Fahrzeuge entscheidende Bedeutung. Über die zur Kollisionsvermeidung einzuhaltenden Mindestabstände zwischen den Fahrzeugen und durch die Definition von Haltepositionen gehen die Fahrzeugabmessungen direkt in die Parametrierung der Förderanlage ein.

Als Standardmodell für die Darstellung von EHB-Fahrzeugen wird das in Abbildung 4.12 gezeigte Modell verwendet. Während Fahr- und Laufwerk unverändert bleiben, ist für die jeweils betrachtete EHB-Anlage die Länge der Lasttraverse anzupassen. Ggf. kann die Lasttraverse um anlagenspezifische Lastaufnahmemittel erweitert werden. Für FTS-Fahrzeuge wurde ein Standard-3D-Modell erstellt, das durch Skalieren entlang seiner Hauptachsen an die jeweiligen Abmessungen des nachzubildenden Fahrzeuges angepasst werden kann. Es wird mit dem Kinematikmodell mit zwei Führungspunkten verknüpft. Die Vorder- und Hinterachse ist im 3D-Modell jedoch verdeckt, so dass allein die Fahrzeugkarosserie als Koppelelement grafisch dargestellt wird. Das 3D-Modell ist zusammen mit einigen weiteren erstellten Modellen für EHB- und FTS-Fahrzeuge in Abbildung 4.13 zu sehen.

EHB-Weichen

Die einer EHB-Weiche zugeordneten Streckensegmente werden bereits beim Aufbau des Umgebungsmodells erstellt und mit dem Gerätemodell der EHB-Weiche verknüpft. Steht die Weiche in einer Zwischenposition, so dass keine Durchfahrt eines Fahrzeuges möglich ist, so wird dies in der Anlagensimulation über die Objekttabelle der Streckensegmente erkannt (s. Abschnitt 4.1.2). Abgesehen von den Streckensegmenten selbst ist eine detaillierte Abbildung der Weichengeometrie, z. B. des verschiebbaren Montagerahmens, an dem die zu der Weiche gehörenden Segmente befestigt sind, weder für die Positionierung der Weichensegmente noch für die Kollisionserkennung mit Fahrzeugen zwingend erforderlich. Zur Kennzeichnung einer EHB-Weiche in der 3D-Visualisierung wurde daher ein einfacher Rahmen erstellt, der an die Darstellung der Weichen in zweidimensionalen Layoutzeichnungen erinnert und die zugehörigen Streckensegmente markiert.

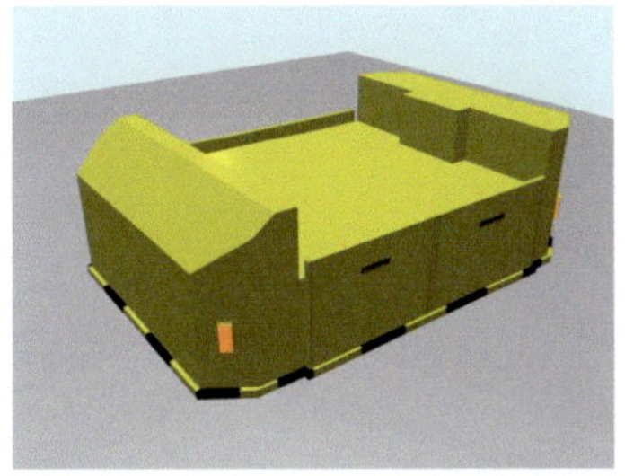

(a) Standardmodell FTF

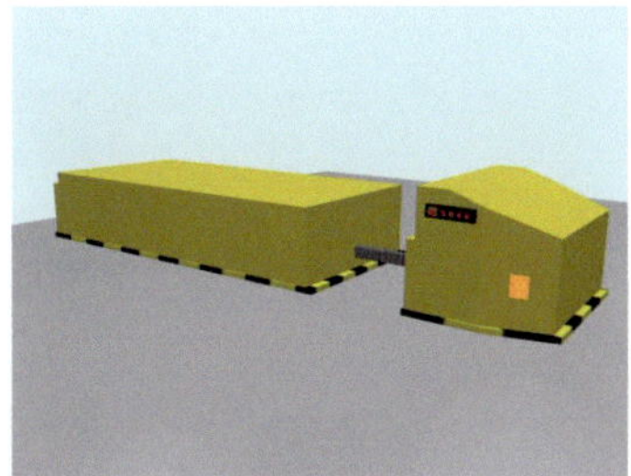

(b) FTF als Schlepper mit Anhänger

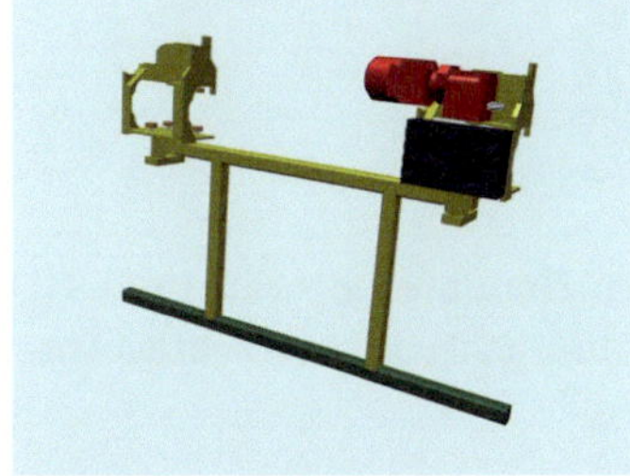

(c) EHB-Fahrzeug mit einfachem Lastaufnahmemittel

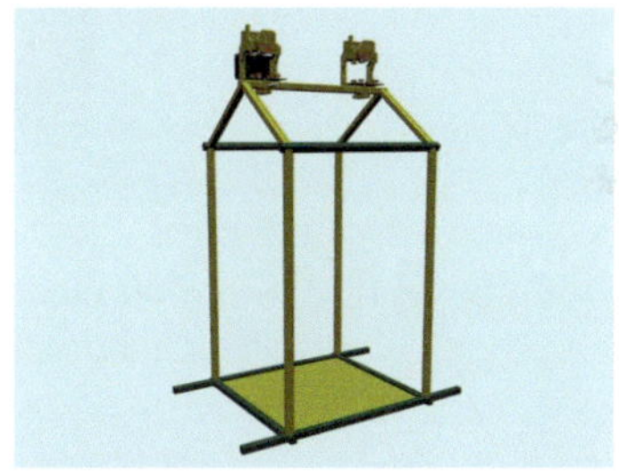

(d) EHB-Fahrzeug für den Paletten-
transport

Abbildung 4.13.: Verwendete 3D-Modelle für EHB- und FTS-Fahrzeuge

Lokale Handbediengeräte

Als Standard-3D-Modell für lokale Handbediengeräte wurde ein mit beleucht-
baren Drucktastern und einem NOT-AUS-Schlagtaster versehenes Gehäuse
erstellt (Abbildung 4.14). Den einzelnen Tastern sind digitale Eingänge der
Gerätesoftware zugeordnet. Was durch die digitalen Eingänge ausgelöst wird,
bestimmt die Parametrierung im Parameter- und Diagnoseprogramm. Der
Zustand eines digitalen Ausgangs der Gerätesoftware kann die Farbe des
Drucktasters beeinflussen und deutet so eine eingebaute Signalleuchte an.
Um die Tastenbeschriftung bei Bedarf an die tatsächlich verwendete Bele-
gung anzupassen, kann die Grafikdatei bearbeitet werden, die als Textur für
das Gehäuse Verwendung findet. Die Zuordnung der digitalen Ein-/Ausgänge
zu den jeweiligen Drucktastern erfolgt über den hierarchischen Aufbau, der
für die 3D-Modelle der lokalen Handbediengeräte vorgeschrieben wird. Dabei

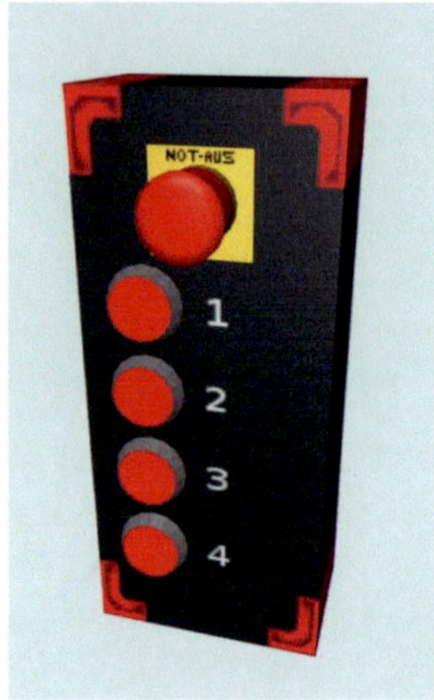

Abbildung 4.14.: 3D-Modell eines lokalen Handbediengerätes mit NOT-AUS-Schlagtaster und beleuchtbaren Drucktastern

ist jeder Taster als einzelner Frame zu modellieren.

Für die 3D-Visualisierung wurde ein Animationssystem erstellt, wodurch vordefinierte Animationen an die einzelnen Drucktaster gebunden werden können. Es stehen Animationen für die Tastenbewegung rastender und nichtrastender Drucktaster zur Verfügung. Die Beleuchtung eines Drucktasters wurde über eine einfache Farbanimation realisiert. Diese ist auch für Signal- oder Warnlampen verwendbar, die an den EHB- oder FTS-Fahrzeugen angebracht sind. Die Animationen dienen einer realitätsnahen Darstellung der Geräte in der 3D-Visualisierung.

Ähnliche Handbediengeräte, die ebenfalls mit NOT-AUS-Schlagtastern und beleuchtbaren Drucktastern ausgestattet sind, können an EHB- oder FTS-Fahrzeugen montiert sein. Das sind jedoch keine eigenständigen Feldgeräte, sondern die Anschlüsse der Taster sind mit den digitalen Ein-/Ausgängen der Fahrzeugsteuerung verbunden. Das Aussehen dieser mobilen Handbediengeräte ähnelt dem gezeigten Gerät in Abbildung 4.14.

4.2.5. Anwendung einer modifizierten Hüllkörper-Hierarchie zur Kollisionserkennung

Die Kollision zweier Transportfahrzeuge während des Betriebs der Förderanlage stellt einen schweren Fehler dar, der auch während der virtuellen Inbetriebnahme erkannt werden muss. In der Anlagensimulation entspricht der Kollision eine Überschneidung der Geometrie zweier Objekte, die feste Körper repräsentieren.

Um auftretende Kollisionen zu erkennen, wurde ein mehrstufiges Verfahren implementiert. Es basiert auf dem Überschneidungstest einfacher Hüllkörper (engl.: *Bounding Volumes*), welche die Geometrie der möglichen Kollisionspartner annähern. Als Hüllkörper werden Kugeln und Quader verwendet. Ein Überschneidungstest auf Ebene der einzelnen Polygone der 3D-Modelle wird nicht durchgeführt. Im Vergleich zu einer Berechnung mittels Hüllkörpern steigt der dazu notwendige Rechenbedarf stark an.

Die Definition der Hüllkörper erfolgt im jeweils verwendeten Modellierwerkzeug, in dem die 3D-Objekte erstellt werden. Die Frame-Hierarchie eines Objektes, das bei der Kollisionserkennung berücksichtigt werden soll, wird dabei um Hüllkörper erweitert. Auch hier müssen Modellvorgaben, beispielsweise eine spezielle Benennung der Hüllkörper, eingehalten werden. Im verwendeten Verfahren zur Kollisionserkennung werden dabei primäre und sekundäre Hüllkörper unterschieden. Als primäre Hüllkörper kommen eine Kugel und ein Quader zur Anwendung, die das gesamte Objekt umschließen und somit eine grobe Repräsentation des Objektes darstellen. Sekundäre Hüllkörper in Form von Quadern umschließen dagegen Teilbereiche der Modelle wesentlich genauer. Die primären und sekundären Hüllkörper bilden eine an den Anwendungsfall angepasste Hüllkörper-Hierarchie (engl.: *Bounding Volume Hierarchy*) [11].

Abbildung 4.15 zeigt als Beispiel ein EHB-Fahrzeug mit eingeblendeten primären und sekundären Hüllkörpern. Die Hüllkugel ist zwecks besserer Sichtbarkeit der anderen Elemente aufgeschnitten. Sämtliche Hüllquader sind entlang der Hauptachsen des Fahrzeuges ausgerichtet. Dies ist hier durch die Geometrie des Fahrzeuges bestimmt. Im Allgemeinen können jedoch beliebig am Objekt ausgerichtete Hüllquader (engl.: *Oriented Bounding Boxes*) verwendet werden.

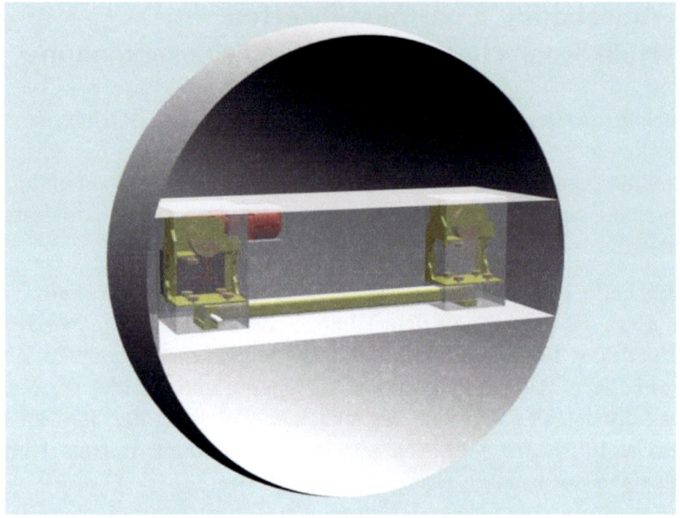

Abbildung 4.15.: 3D-Modell eines EHB-Fahrzeuges mit eingeblendeten Hüllkörpern für eine Kollisionserkennung mit anderen Objekten

Sämtliche Objekte, die bei der Kollisionserkennung zu betrachten sind, werden innerhalb der Anlagensimulation in einer Liste verwaltet. Wird die Position eines Objektes aktualisiert, so wird es mit jedem anderen Objekt der Liste auf eine Kollision hin überprüft. Die Kollisionserkennung zwischen zwei Objekten gliedert sich dabei in drei Phasen:

- Überschneidungstest der zwei primären Hüllkugeln

- Überschneidungstest der zwei primären Hüllquader

- Überschneidungstest aller sekundären Hüllquader

Bereits in der ersten Phase können aufgrund der einfachen Geometrie der Hüllkörper und des daraus resultierenden einfachen Berechnungsverfahrens in der Regel sehr schnell Objektpaare ausgeschlossen werden, die nicht für eine Kollision in Frage kommen. Mit Phase zwei und drei wird die Genauigkeit der Kollisionserkennung weiter gesteigert.

Um zu überprüfen, ob sich zwei Quader überschneiden, wird das *Separating*

Axis Theorem angewendet [11, 31, 34]. Es beruht auf der systematischen Überprüfung von 15 speziell im Raum orientierten Achsen, auf die jeweils die zwei Quader projiziert werden. Eine Achse, auf der sich die Projektionen der beiden Körper nicht überlappen, wird als *separierende* Achse bezeichnet (vgl. Abbildung 4.16). Wird eine der 15 zu prüfenden Achsen als separierende Achse erkannt, dann überschneiden sich die Körper nicht. Separiert keine der 15 Achsen die beiden betrachteten Hüllquader, so liegt eine Kollision der beiden Objekte vor.

Wurde während der Aktualisierung eines Objektes eine Überschneidung mit einem anderen Objekt erkannt, so wird die Positionsänderung des Objektes verworfen und eine Routine zur Kollisionsbehandlung aufgerufen, welche das Objekt bereitstellt. EHB- und FTS-Fahrzeuge werden bei einer auftretenden Kollision virtuell ausgekuppelt, so dass sie ihre Position beibehalten. Für die Signalisierung einer Kollision wurden entsprechende Symbole in der 3D-Visualisierung erstellt, welche die kollidierten Objekte markieren.

4.2.6. Konfiguration der Gerätemodelle

Die geschilderten Gerätemodelle wurden im Programmcode der Anlagensimulation als einzelne Klassen realisiert. Sie stellen die gesamte Funktionalität

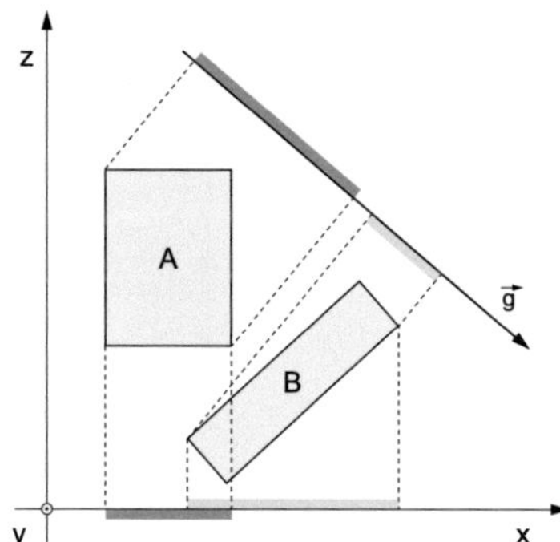

Abbildung 4.16.: Veranschaulichung des Separating Axis Theorems. Die Gerade $\vec{g}$ ist eine separierende Achse der beiden Körper, die x-Achse hingegen nicht.

bereit, welche für die zu simulierenden Feldgeräte benötigt wird. Für den Aufbau der Anlagensimulation einer konkreten Förderanlage müssen jedoch die einzelnen Gerätemodelle konfiguriert und instanziiert werden.

Eine Konfiguration der Gerätemodelle ist notwendig, um sie an die Vielfalt der möglichen Ausprägungen anzupassen, die insbesondere bei EHB- oder FTS-Fahrzeugen auftreten können. Selbst bei den Förderanlagen, welche durch den in der vorliegenden Arbeit vorausgesetzten Applikations-Systembaukasten realisiert werden, ergibt sich diese Vielfalt. Für die jeweiligen Ausprägungen wurden deshalb Gerätebeschreibungen eingeführt, in denen Eigenschaften festgelegt werden, die für alle Geräte eines speziellen Typs gültig sind (vgl. Abbildung 4.17). Zu diesen Eigenschaften zählen z. B. Art und Position der virtuellen Sensoren oder das zu verwendende Kinematik- und 3D-Modell. Die Gerätebeschreibungen werden mit einem eindeutigen Typbezeichner versehen und im XML-Format gespeichert.

In der Anlagenkonfigurationsdatei können die Gerätebeschreibungen über ihren Typbezeichner referenziert werden. Hier werden keine typspezifischen Ei-

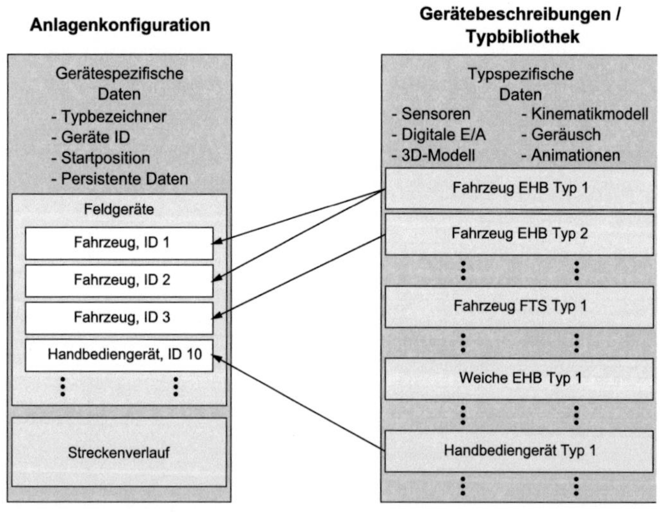

Abbildung 4.17.: Konfiguration der verwendeten Gerätemodelle mit Hilfe von Gerätebeschreibungen

genschaften konfiguriert, sondern die Einzelgeräte selbst. Für jedes Feldgerät wird ein entsprechender Konfigurationseintrag mit einem Typbezeichner eingefügt, über den die Zuordnung einer Gerätebeschreibung erfolgt.

Für die Gerätemodelle ist in der erstellten Anwendung noch keine Benutzeroberfläche vorhanden, die eine komfortable Konfiguration ermöglicht. Das für die Konfigurationsdateien verwendete XML-Format stellt jedoch eine Schnittstelle dar, die eine einfache Bearbeitung der darin enthaltenen Daten durch ein Konfigurationsprogramm erlaubt.

4.3. Einbindung der Feldgerätesoftware in das neue Simulationssystem

Die auf dem Einplatinenrechner eines Feldgerätes ablaufende parametrierbare Gerätesoftware bestimmt wesentlich das Verhalten des jeweiligen Feldgerätes. Sie übernimmt u. a. dezentral ausgelegte Steuerungsfunktionen, verwaltet und überwacht die angeschlossene Peripherie und bildet die Schnittstelle zur zentralen Steuereinheit.

Im Rahmen einer virtuellen Inbetriebnahme muss das Verhalten der Feldgeräte abgebildet werden, damit sich aus Sicht des Segmentcontrollers als zentraler Steuereinheit ein realistisches Anlagenverhalten ergibt. Die Nachbildung eines Feldgerätes durch ein eigens dafür erstelltes Verhaltensmodell ist aufgrund der inneren Komplexität der Software mit hohem Aufwand verbunden. Zudem ist bei Änderungen der Gerätesoftware im Rahmen eines Software-Updates eine ständige parallele Pflege des Verhaltensmodells notwendig. Im hier verfolgten Konzept dient die Gerätesoftware deshalb direkt als Verhaltensmodell. Zusammen mit einem entsprechenden Gerätemodell in der Anlagensimulation entsteht daraus ein simuliertes Feldgerät.

Um eine Verbindung zwischen der Gerätesoftware und der Anlagensimulation herzustellen, wurden geeignete Strukturen in beiden Komponenten entwickelt. Diese werden im Folgenden vorgestellt.

4.3.1. Erweiterung der Gerätesoftware für den Simulationsmodus

Die Basis der Gerätesoftware ist ein proprietäres Betriebssystem des System-anbieters der Förderanlagen. Durch eine Hardware-Abstraktionsschicht ist das Betriebssystem sowohl auf verschiedenen Mikrocontroller-Architekturen als auch auf Standard-PCs unter Microsoft Windows lauffähig.

Das Betriebssystem ist in der Programmiersprache C geschrieben und ver-waltet gekapselte Teilprozesse, die im Weiteren als *Tasks* bezeichnet werden. Tasks, welche betriebssystemnahe Aufgaben übernehmen, werden standard-mäßig in das System eingebunden. Gerätespezifische Funktionalitäten werden jeweils durch separate Tasks zur Verfügung gestellt. Hierzu zählen zum Bei-spiel:

- Abbildung der zentralen Logik des Feldgerätes
  (EHB-/FTS-Fahrzeug, EHB-Weiche, Handbediengerät, ...)

- Realisierung der softwaretechnischen Feldbusanbindung

- Kommunikation mit einem Antriebsumrichter

- Zentrale Datenverwaltung für alle Tasks

- Anbindung eines Sensorsystems

Je nach zu steuerndem Feldgerät werden entsprechende Tasks verwendet. Diese werden zusammen mit dem Betriebssystemkern für die Zielplattform übersetzt und als ausführbare Datei auf das Feldgerät übertragen. Nach dem Start der Gerätesoftware verwaltet der Betriebssystemkern die registrierten Tasks und ruft sie zyklisch nacheinander auf. Bezüglich der Zuteilungsstrate-gie der Prozessorressourcen an die verschiedenen Tasks arbeitet das Betriebs-system nicht präemptiv (nicht verdrängend). Laufende Tasks können nicht aktiv unterbrochen werden. Beansprucht eine laufende Task für sehr lange Zeit immer die CPU, so haben ablaufbereite Tasks keine Möglichkeit, dies zu ändern [40].

Das Betriebssystem findet nicht nur bei den hier betrachteten EHB- oder FTS-Anlagen Anwendung, sondern dient beim Systemanbieter auch als Soft-wareplattform für weitere intelligente Feldgeräte der Automatisierungstech-nik.

Die Gerätesoftware soll im System zur virtuellen Inbetriebnahme ohne die in der Realität vorhandenen Peripheriegeräte betrieben werden. Bei Verwendung der unveränderten Software treten Fehlerzustände auf, welche auf Sicherheitsmechanismen zurückzuführen sind, die im Realfall für die Überwachung der Peripheriegeräte benötigt werden. Die Erkennung nicht betriebsbereiter Sensor- oder Aktorsysteme oder das Fehlen von per digitalem Eingang gegebenen Freigabesignalen führt dazu, dass die Gerätesoftware nicht im Standard-Betriebsmodus ausgeführt wird. Der Einsatz der unveränderten Gerätesoftware zur Simulation eines Feldgerätes ist damit nicht möglich. Hierzu müssen die Überwachungsmechanismen deaktiviert oder die nicht vorhandenen Peripheriegeräte ebenfalls simuliert werden.

Um die Gerätesoftware im konzipierten System zur virtuellen Inbetriebnahme nutzen zu können, wurde eine spezielle Task in die Gerätesoftware eingebunden, die den Ablauf der Software in einem Simulationsmodus ermöglicht (Abbildung 4.18). Diese zusätzliche Task wird vom Betriebssystem während des sequentiellen Durchlaufs aller Tasks immer als letztes aufgerufen.

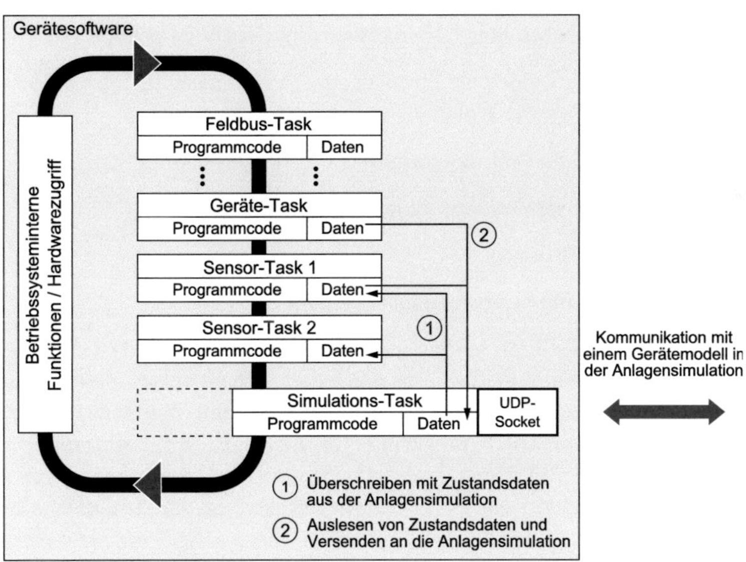

Abbildung 4.18.: Erweiterung der Feldgerätesoftware um eine zusätzliche Simulations-Task

Die erstellte Task besteht im Wesentlichen aus einer Kommunikationsschnittstelle, die Daten des in der Anlagensimulation zugeordneten Gerätemodells empfängt. Dazu zählen die Statusdaten der virtuellen Sensoren sowie der aktuelle Zustand der nachgebildeten digitalen Eingänge. Mit Hilfe gemeinsamer Speicherbereiche, die für einen Austausch mit anderen Tasks freigegeben sind, kann diese Simulations-Task auf die Daten der im Zyklus bereits abgearbeiteten Tasks zugreifen. Die Daten der verschiedenen Sensoren, die aufgrund der fehlenden realen Systeme mit ungültigen Werten belegt sind, werden von der Simulations-Task mit den Daten der virtuellen Sensoren überschrieben. Gleiches gilt für die von der Gerätesoftware verwalteten digitalen Eingänge. Zudem setzt die Simulations-Task Werte der Gerätesoftware, die nicht durch die Anlagensimulation bedient werden. So wird z. B. der Status der von der Gerätesoftware erwarteten, aber nicht simulierten Antriebsumrichter dauerhaft mit „betriebsbereit" überschrieben, um das Auslösen von Überwachungsfunktionen zu verhindern. Die Geräte-Task, welche die zentrale Funktionslogik der Feldgeräte enthält, arbeitet dann im nächsten Zyklus mit den von der Simulations-Task gesetzten Werten. Wichtig ist dabei die Reihenfolge der ablaufenden Tasks. Über sie muss sichergestellt sein, dass vor dem Überschreiben der Daten keinerlei Auswertung derselben erfolgt.

In der Gegenrichtung sendet die Simulations-Task je nach Typ des Feldgerätes verschiedene Daten an die Anlagensimulation:

- Geschwindigkeits-Sollwertvorgaben für virtuelle Aktoren

- Zustand der digitalen Ausgänge

- aktuelle Prozessdaten

- Schaltbefehle für Spurführungsantennen

Die aktuellen Prozessdaten stellen eine Kopie des Datenpaketes dar, welches die Gerätesoftware auch zyklisch an den Segmentcontroller sendet. Die Prozessdaten können dem Anwender in der Visualisierung der Anlagensimulation präsentiert werden. Über die Befehle an die Spurführungsantenne legt die Gerätesoftware eines FTF fest, welche Leitlinie bei Abzweigungen zur Spurführung genutzt werden soll. Die Daten werden von der Simulations-Task aus den Speicherbereichen der verschiedenen Tasks ausgelesen. Bei einer Zustandsänderung oder nach einer definierten Zeitspanne werden die Daten über die Kommunikationsschnittstelle an die Anlagensimulation übermittelt.

Die realisierte Kommunikationsschnittstelle versendet und empfängt Daten über ein angeschlossenes Ethernet-Netzwerk. Die Daten werden dabei mit dem verbindungslosen UDP-Protokoll übertragen. Es ist für eine Kommunikation geeignet, bei der kurze Befehle und entsprechende Antworten ausgetauscht werden. Der Verzicht auf den vorherigen Verbindungsaufbau und der geringere Protokoll-Overhead machen sich in der Performance klar bemerkbar [119]. Der Netzwerkzugriff erfolgt über *Sockets*, welche abstrahierte Endpunkte einer Kommunikationsschnittstelle darstellen. Je nach unterlagerter Hardware ruft das Betriebssystem entsprechende Programmierschnittstellen auf, die Zugang zu den Netzwerkdiensten der Plattform bieten. Läuft die Gerätesoftware beispielsweise unter Windows, so wird die *Windows Sockets API*, eine Schnittstelle für die Netzwerkprogrammierung unter Windows, genutzt [116]. Abbildung 4.19 zeigt den Aufbau der für die Kommunikationsschnittstelle definierten Datenpakete. Die Zuordnung zwischen der Gerätesoftware und des entsprechenden Gerätemodells der Anlagensimulation wird durch die eindeutige Geräte-ID (Feld *DeviceID*) ermöglicht. Diese bildet zusammen mit der Länge der übertragenen Daten (Feld *Length*) den vier Byte großen Header der ein- und ausgehenden Datenpakete. Das Datenfeld, welches sich daran

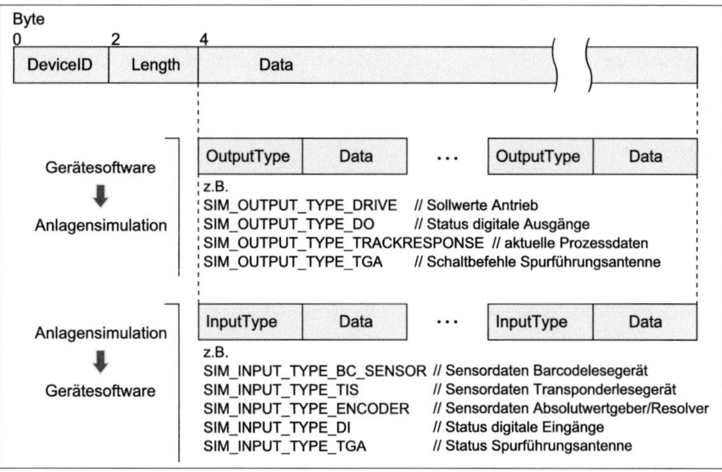

Abbildung 4.19.: Aufbau der zwischen Anlagensimulation und Gerätesoftware versendeten Datenpakete.

anschließt, enthält wiederum mehrere Unterpakete. Über einen Typbezeichner (Felder *OutputType/InputType*) im Header-Feld der Unterpakete können Art und Aufbau der jeweils folgenden Nutzdaten bestimmt werden.

Als Anwendungsfall für das konzipierte System wurde neben der virtuellen Inbetriebnahme auch der Test der parametrierbaren Steuerungssoftware definiert. Die Simulations-Task realisiert die Kopplung zur Anlagensimulation, ohne die ein Test der Software in Verbindung mit einer virtuellen Anlage nicht möglich ist. Aktualisierungen der Gerätesoftware können sich jedoch auch auf die Schnittstelle auswirken, welche die Simulations-Task auf Seiten der Gerätesoftware erwartet. Änderungen am Aufbau der Datenstrukturen, die durch die Simulations-Task überschrieben oder ausgelesen werden, erfordern eine softwaretechnische Anpassung der Simulations-Task. Bei Änderungen der Funktionslogik der Feldgeräte oder des Segmentcontrollers ist das jedoch in der Regel nicht der Fall. Diese betreffen meist Steuerungsfunktionen auf höherer Ebene, welche lediglich auf die betroffenen Datenstrukturen zugreifen, aber die softwaretechnische Anbindung der Sensoren und Aktoren selbst nicht betreffen. Der Austausch von Sensor- und Aktordaten sowie der Zustände digitaler Ein- und Ausgänge zwischen Gerätesoftware und Anlagensimulation stellt eine Kopplung auf niederer Ebene dar. Sämtliche Softwareänderungen, die jenseits dieser Ebene stattfinden, erfordern keine Anpassung der Simulations-Task. Damit steht bei einem Großteil der zu erwartenden Softwareänderungen der Feldgeräte sofort eine Version zur Verfügung, die für einen Softwaretest in Verbindung mit der Anlagensimulation nutzbar ist.

4.3.2. Implementation der Kommunikationsschnittstelle in der Anlagensimulation

In die Anlagensimulation wurde eine Kommunikationsschnittstelle implementiert, welche über die in Abbildung 4.19 dargestellten Datenpakete mit allen verbundenen Instanzen der Gerätesoftware kommuniziert. Die Kommunikationsschnittstelle empfängt über einen UDP-Socket die Daten und führt die Deserialisierung durch, d. h. aus dem Datenstrom werden wieder einzelne Datenobjekte erstellt. Diese Datenobjekte werden den Gerätemodellen zur Verfügung gestellt. Die Geräte-ID ermöglicht dabei eine eindeutige Zuordnung zwischen einem Gerätemodell und einer Instanz der Gerätesoftware. Die Ausgangsdaten eines Gerätemodells bestehen im Wesentlichen aus Zustandsdaten der virtuellen Sensoren, die von der Kommunikationsschnittstelle serialisiert und in Form der definierten Datenpakete versendet werden.

Für die Kommunikationsschnittstelle der Anlagensimulation wurden Diagnosefunktionen erstellt. Diese überprüfen, ob jeweils Daten an die Gerätesoftware eines konfigurierten Feldgerätes gesendet und ob gültige Daten empfangen werden. Die Ergebnisse können bei Bedarf als tabellarische Übersicht angezeigt werden und ermöglichen so eine Diagnose möglicher Kommunikationsprobleme.

4.3.3. Mögliche Konfigurationen zur Einbindung der Gerätesoftware

Der Quellcode der Gerätesoftware kann sowohl für die Original-Hardwareplattform als auch für eine Ausführung auf einem Standard-PC unter Windows übersetzt werden. Für die Simulation einer Förderanlage ergeben sich dadurch verschiedene mögliche Konfigurationen zur Einbindung der einzelnen Instanzen der Gerätesoftware.

Die Anlagensimulation selbst sowie die 3D-Visualisierung sind mit Hilfe der .NET-Technologie programmiert und an einen PC mit Betriebssystem Windows gebunden. Zur Vereinfachung wird dieser PC im Folgenden als Simulationsrechner bezeichnet. Die Software der simulierten Feldgeräte kann hingegen auf mehrere Arten in das System integriert werden (vgl. Abbildung 4.20).

Gerätesoftware auf Original-Hardware

Eine Möglichkeit besteht darin, die Original-Hardware über Ethernet an den Simulationsrechner zu koppeln. Die Feldgerätesoftware wird hierzu auf die Einplatinenrechner aufgespielt, die auch in den realen Feldgeräten verbaut sind. Die Einplatinenrechner sind an die Versorgungsspannung angeschlossen und über einen Ethernet-Switch mit dem Simulationsrechner verbunden.

Diese Konfiguration bietet verschiedene Vorteile. Durch die Verwendung der Original-Hardwareplattform weist die Gerätesoftware auch im Rahmen der Simulation ein Laufzeitverhalten auf, das den realen Geräten entspricht. Für die Ausführung der Gerätesoftware stehen exakt die Systemressourcen zur

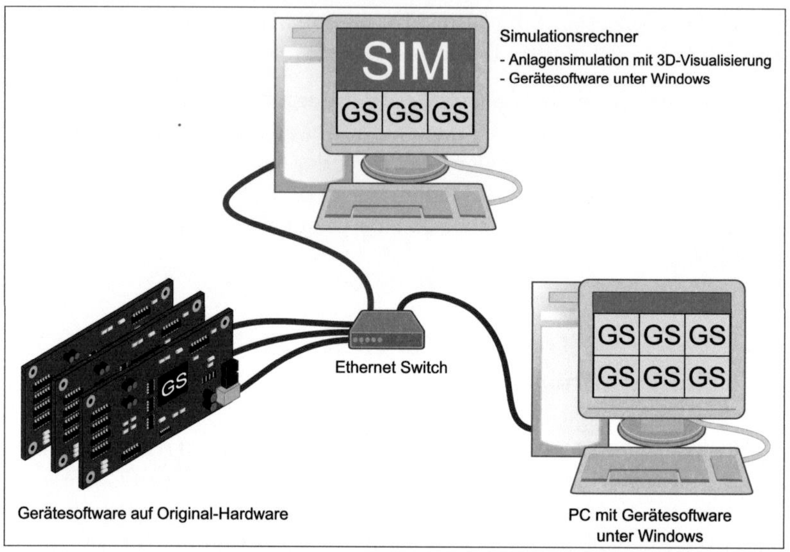

Abbildung 4.20.: Mögliche Konfigurationen zur Anbindung der Gerätesoftware (GS) an die Anlagensimulation (SIM)

Verfügung, die im späteren Betrieb vorhanden sind. Zudem ist für das Erstellen, Überspielen und Starten der Gerätesoftware die unveränderte Tool-Kette
(z. B. Compiler, Konfigurationssoftware, Bootloader) verwendbar. Damit ergibt sich in dieser Konfiguration eine hohe Testtiefe sowohl für die erstellte
Gerätesoftware als auch für die Prozesse zu deren Inbetriebnahme auf der
Zielplattform.

Den genannten Vorteilen steht der hohe Bedarf an Hardwarekomponenten
gegenüber. Für jedes Feldgerät muss die entsprechende Ziel-Hardware vorhanden sein, bzw. gekauft werden. So entstehen bereits bei Anlagen mit wenigen Feldgeräten hohe Erstanschaffungskosten. Für die Inbetriebnahme der
Einplatinenrechner inklusive der darauf ablaufenden Gerätesoftware sind darüber hinaus Spezialkenntnisse notwendig. Über diese verfügt in der Regel
nur der Systemanbieter selbst, der das Gesamtsystem entwickelt hat.

Die Verwendung der Original-Hardware ist daher als Option für den Systemanbieter zu sehen. Die Konfiguration eignet sich besonders für Tests der parametrierbaren Software selbst, etwa nach Änderungen oder Erweiterungen der Systemfunktionalität. Typische zu überprüfende Sachverhalte sind eine korrekte Parameterverwaltung und die korrekte Umsetzung der Parameter in ein entsprechendes Systemverhalten.

Gerätesoftware auf separatem Windows-PC

Als zweite Möglichkeit können die verschiedenen Instanzen der Gerätesoftware unter Windows auf einem separaten PC ausgeführt werden. Der PC ist dabei über ein Ethernet-Netzwerk mit dem Simulationsrechner verbunden. Jedes Feldgerät wird im realen Betrieb über seine IP-Adresse sowie seine eindeutige Gerätekennung identifiziert. Es benötigt exklusiven Zugriff auf die zur Datenkommunikation verwendeten Sockets. Damit mehrere Instanzen der Gerätesoftware auf einem PC ausführbar sind, werden der Netzwerkschnittstelle des PC mehrere IP-Adressen zugewiesen. Dies wird als *IP-Aliasing* bezeichnet [145]. Für jedes zu simulierende Feldgerät wird eine Instanz der Gerätesoftware gestartet. Als Aufrufparameter wird dabei die jeweils zu nutzende IP-Adresse übergeben.

Durch die Ausführung auf einem Windows-PC können die Feldgeräte ohne die Original-Hardware betrieben werden. Das realisierte System zur virtuellen Inbetriebnahme ist dadurch auch für den Anlagenbetreiber oder zwischengeschalteten Generalunternehmer wesentlich einfacher nutzbar. Beim Einsatz dieser Konfiguration zum Test der Steuerungssoftware ist die mögliche Testtiefe aufgrund des Fehlens von Hardwarekomponenten geringer. Die Funktionen der Gerätesoftware unterhalb der Hardware-Abstraktionsschicht greifen nun nicht mehr auf den Einplatinenrechner zu, sondern auf das Betriebssystem Windows.

Für ein originalgetreues Verhalten der Gerätesoftware muss das proprietäre Betriebssystem, das der Gerätesoftware zugrunde liegt, eine mit der Originalplattform vergleichbare Zykluszeit aufweisen. Aufgrund der höheren Leistung eines aktuellen Windows-PCs im Vergleich zur Original-Hardware der Feldgeräte muss zur Angleichung der Zykluszeiten unter Windows eine zusätzliche Wartezeit zwischen den Zyklen explizit vorgegeben werden. In Abbildung 4.21 ist ein Vergleich der Zykluszeiten für beide Plattformen zu sehen. Dargestellt ist deren relative Häufigkeitsverteilung, die auf Basis von 20000 gemessenen

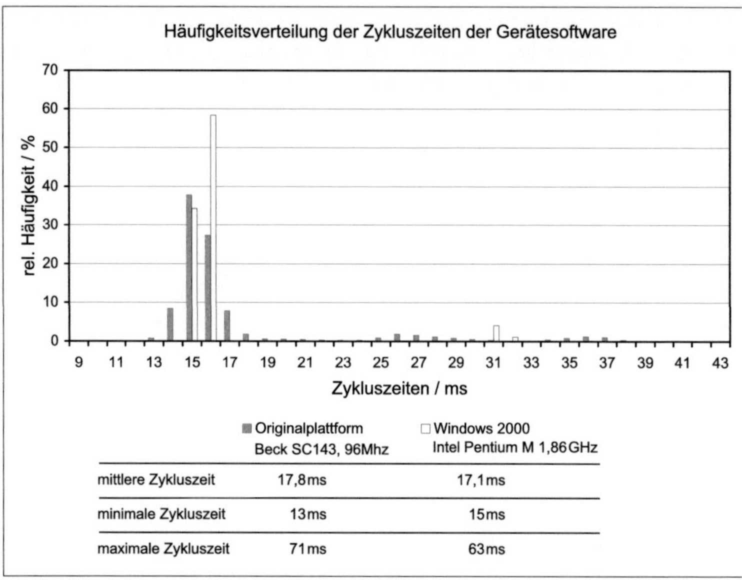

Abbildung 4.21.: Relative Häufigkeitsverteilung der Zykluszeiten der Gerätesoftware unter Windows und auf der Originalplattform sowie ermittelte Kennwerte. Jeweils gemessene Zyklen: 20 000.

Programmzyklen bestimmt wurde, sowie die ermittelten Kennwerte für die mittlere, minimal und maximal auftretende Zykluszeit.

Die Kennwerte sind für beide Plattformen vergleichbar. Auf der Windows-Plattform ist eine weniger breite Streuung der Zykluszeit festzustellen. Sie liegt in über 90% der Fälle im Bereich der ersten Kuppe der Verteilung (13–18 ms), was auf die wesentlich höhere Rechenleistung des verwendeten Windows-PCs zurückzuführen ist. Da sowohl auf der Originalplattform als auch auf einem Windows-PC lediglich weiche Echtzeitbedingungen erfüllt werden, können auf beiden Plattformen kurzzeitig Zykluszeiten auftreten, die vom Mittelwert stark abweichen. Einen Einfluss auf die maximal auftretenden Zykluszeiten haben sicherlich auch die notwendigen Datei-Schreibvorgänge, um die Zykluszeiten für eine spätere Auswertung aufzuzeichnen. Aufgrund der ermittelten Kennwerte kann von einem vergleichbaren Verhalten der Gerätesoftware unter Windows und auf der Original-Hardware ausgegangen werden.

Kompaktsystem auf einzelnem Windows-PC

Die Instanzen der Gerätesoftware können auch parallel zur Anlagensimulation auf dem Simulationsrechner ausgeführt werden. Dabei erhält der Simulationsrechner durch IP-Aliasing die benötigten IP-Adressen. Der Datenaustausch zwischen den Gerätesoftware-Instanzen und der Anlagensimulation geschieht auch hier unverändert über UDP-Datenpakete. Entsprechend der automatisch erstellten IP-Routing-Tabelle erfolgt jedoch eine direkte Rückleitung der Pakete innerhalb des Simulationsrechners, ohne dass eine nach außen sichtbare Datenkommunikation auftritt [29].

Durch diese Konfiguration entsteht ein kompaktes System. Bei Installation auf einem Laptop ist das Simulationssystem nicht an einen festen Arbeitsplatz gebunden. Der Aufbau eignet sich somit für einen Einsatz vor Ort, um beispielsweise während der realen Inbetriebnahme eine entsprechende Simulation der Förderanlage parallel zu betreiben. Der Vorteil der Mobilität kommt auch bei Präsentationen vor Kunden zum Tragen, da eine simulierte Förderanlage praktisch überall vorgeführt werden kann.

4.4. Realisierung der diskreten zeitgesteuerten Simulation

Die im Rahmen der vorliegenden Arbeit erstellte Anlagensimulation ermöglicht eine diskrete zeitgesteuerte Simulation der jeweils betrachteten Förderanlage. Bei dieser Methode, die häufig auch als *quasi-kontinuierliche* Simulationsmethode bezeichnet wird, schreitet die Simulationszeit um ein vorher festgelegtes konstantes Zeitinkrement voran. Die innerhalb des letzten Zeitschrittes aufgetretenen Zustandsänderungen werden erst nach Erhöhung der Zeit durchgeführt [5]. Eine quasi-kontinuierliche Simulation des Anlagenverhaltens ist insbesondere für die Nachbildung der virtuellen Sensoren zur Positionserfassung notwendig. Diese müssen zyklisch einen aktuellen Sensorwert für die zugeordnete Gerätesoftware-Instanz bereitstellen. Demnach ist auch die zu Grunde liegende Kinematikberechnung quasi-kontinuierlich durchzuführen, so dass für jeden Zeitschritt die aktuelle Position der beweglichen Elemente der Förderanlage bestimmt ist.

Die zu simulierenden Feldgeräte sind in der Anlagenkonfigurationsdatei hinterlegt. Während der Initialisierung der Anlagensimulation wird die Datei verarbeitet und für jedes Feldgerät ein entsprechendes Gerätemodell (EHB-/FTS-Fahrzeug, EHB-Weiche oder lokales Handbediengerät) instanziiert[1].

Zur Realisierung der diskreten zeitgesteuerten Simulation wurde eine einfache Aufruflogik implementiert. Diese bestimmt, wann ein Gerätemodell aktualisiert wird, d. h. wann eine Berechnung seiner Zustandsänderungen stattfindet. Vor dem Start der Simulation registrieren sich die verschiedenen Gerätemodelle für den Simulationszyklus. Sie übermitteln dabei die Zeit, nach deren Ablauf jeweils eine erneute Aktualisierung ihres Zustandes durchzuführen ist.

Um einen Fortschritt der Simulation unabhängig von der Darstellung zu garantieren, wird die Aufruflogik in einem nebenläufigen Programmteil (engl.: *thread*) ausgeführt. Abbildung 4.22 verdeutlicht die verwendete Aufruflogik.

---

[1]Zur Vereinfachung bezeichnet ein Gerätemodell im Weiteren sowohl das zu Grunde liegende Modell (realisiert als Objektklasse im Programmcode) als auch eine konkrete Instanz desselben.

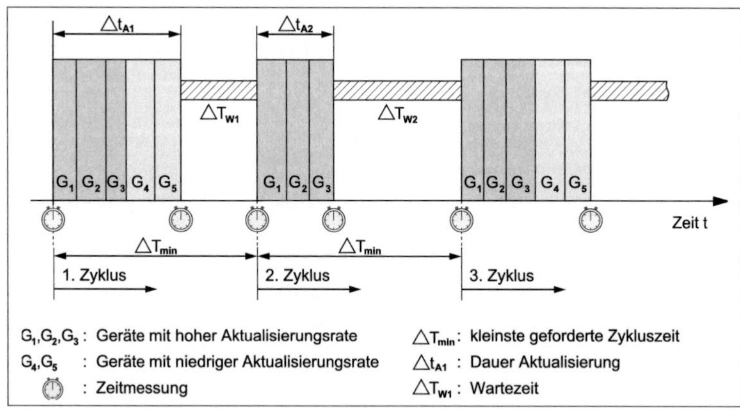

Abbildung 4.22.: Verwendete Aufruflogik zur diskreten zeitgesteuerten Simulation der Förderanlagen.

Der Grundzyklus ist durch das Gerätemodell bestimmt, welches die kürzeste Zeit ΔT_{min} zwischen zwei Aktualisierungen anfordert. Mit Beginn eines Zyklus werden nacheinander die Zustandsänderungen aller Gerätemodelle berechnet, deren registrierte Zykluszeit seit der letzten Aktualisierung überschritten ist. Dies umfasst je nach Gerätemodell mehrere Vorgänge:

- Abfrage der aktuellen Eingangsdaten der zugeordneten Gerätesoftware-Instanz

- Aktualisierung des Kinematikmodells

- Durchführung der Kollisionserkennung

- Neuberechnung der virtuellen Sensordaten

- Verarbeitung der digitalen Ein-/Ausgänge

- Aktualisierung der Ausgangsdaten für die zugeordnete Gerätesoftware-Instanz

Durch eine Zeitmessung wird die Dauer Δt_A der Aktualisierungsphase bestimmt. Sie kann je nach Umfang der durchzuführenden Berechnungen variieren. Aus der Differenz zwischen ΔT_{min} und Δt_A ergibt sich eine mögliche Wartezeit ΔT_W bis zum nächsten Zyklus. Während dieser Zeit ruht die Aufruflogik, so dass die Prozessorzeit anderen Prozessen zur Verfügung steht. Mit steigender Anzahl zu simulierender Geräte nimmt die Wartezeit ab. Ab einer kritischen Geräteanzahl läuft die Aufruflogik schließlich mit der minimalen Wartezeit von 1 ms ab, um das Betriebssystem nicht vollständig auszulasten. Damit ist jedoch die Leistungsgrenze des Simulationsrechners erreicht.

Ein reales Feldgerät wertet in jedem Programmzyklus der Gerätesoftware die Daten der angeschlossenen Sensoren sowie den Status der digitalen Eingänge aus. Die Aktualisierungsrate der Gerätemodelle orientiert sich daher an der Zykluszeit der Gerätesoftware. Für die Gerätemodelle der EHB- und FTS-Fahrzeuge wird dementsprechend eine Aktualisierung nach jeweils 15 ms vorgegeben, so dass möglichst in jedem Zyklus der Feldgerätesoftware aktuelle Daten der Positionssensoren bereitgestellt werden. Eine Neuberechnung der Position nach jeweils 15 ms führt zu ca. 67 Positionsänderungen pro Sekunde. Dies ermöglicht auch in der 3D-Visualisierung die Illusion einer scheinbar flüssigen Bewegung, sofern die Szene mit einer ausreichend hohen Wiederholrate dargestellt wird. Bei statischen Objekten wie z. B. Handbediengeräten, die keine zeitkritischen Sensordaten an die Gerätesoftware übermitteln müssen, hat sich eine Aktualisierung nach jeweils 30 ms bewährt.

4.5. Grafische Benutzeroberfläche und Interaktion

Im Rahmen der vorliegenden Arbeit wurde eine grafische Benutzeroberfläche (engl.: Graphical User Interface(GUI)) erstellt, welche die Schnittstelle des Anwenders zur Anlagensimulation bildet. Wie in Abbildung 4.23 dargestellt, nimmt die erstellte 3D-Visualisierung den Großteil des Anwendungsfensters in Anspruch. Das verwendete DirectX Sample Framework nutzt hierzu einen abgegrenzten Teil des Fensters als Zeichenfläche für die Darstellung der simulierten Förderanlage.

Durch Anklicken mit der Maus wird ein 3D-Objekt selektiert. Im rechten Bereich des Anwendungsfensters erscheinen daraufhin nähere Informationen

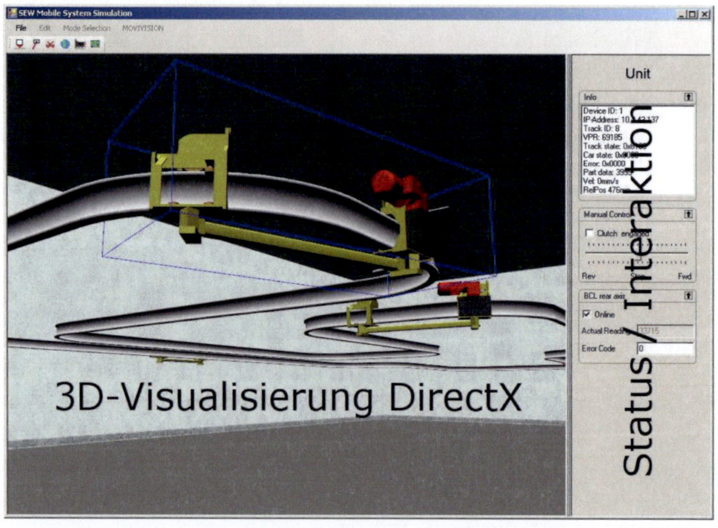

Abbildung 4.23.: Grafische Benutzeroberfläche der Anlagensimulation.

zum Objekt. Es werden Statusinformationen angezeigt, die Aufschluss über die Art und den aktuellen Zustand des Objektes geben. Dies schließt ggf. auch aktuelle Prozessdaten ein, die von der zugeordneten Gerätesoftware-Instanz übermittelt werden (z. B. Fahrgeschwindigkeit, Transportgut-Kennung). Sie sind eine exakte Kopie der Prozessdaten, welche die Gerätesoftware auch als Statusmeldung an die zentrale Steuereinheit der Förderanlage sendet. Die Prozessdaten stehen dem Anwender dadurch für Diagnosezwecke direkt in der Anlagensimulation zur Verfügung. Falls das ausgewählte Objekt virtuelle Sensoren besitzt, so werden im gleichen Bildschirmbereich weitere Steuerelemente eingeblendet, welche die aktuell berechneten Sensorwerte anzeigen.

Neben der Darstellung des Anlagenzustands dient die grafische Benutzeroberfläche auch dazu, eine Interaktion mit der simulierten Förderanlage zu ermöglichen. Unter Verwendung von Maus und Tastatur kann sich der Anwender in der Ego-Perspektive durch die 3D-Szene bewegen und die Förderanlage aus jeder gewünschten Blickrichtung betrachten. Drucktaster an Handbediengeräten können direkt in der 3D-Visualisierung betätigt werden, so dass die Bedienabläufe den real durchzuführenden ähneln.

Sofern ein ausgewähltes Objekt weitere Möglichkeiten der Interaktion bietet, sind diese über die rechte Bedienleiste erreichbar. Der Anwender kann EHB- und FTS-Fahrzeuge sowie EHB-Weichen virtuell auskuppeln. Ihre Geschwindigkeit wird dann nicht mehr von der Gerätesoftware-Instanz, sondern durch manuelle Eingaben vorgegeben. Fahrzeuge und Weichen können damit beliebig entlang ihres Fahrweges positioniert werden. Es ist zudem möglich, die virtuellen Sensoren zu deaktivieren oder über die Vorgabe eines Fehlercodes eine Störung der Sensoren zu simulieren.

Wie in der Konzeptbeschreibung in Abschnitt 3.6.6 geschildert, wird zur Parametrierung und Diagnose der simulierten Förderanlage das original Parameter- und Diagnoseprogramm des Applikations-Systembaukastens verwendet. Dessen Benutzeroberfläche bildet die zweite wichtige Anwenderschnittstelle, die während der Simulation und virtuellen Inbetriebnahme einer Förderanlage genutzt wird.

4.6. Validierung und Bestimmung der Leistungsgrenzen

Als Validierung wird die Prüfung der hinreichenden Übereinstimmung von Modell und Original bezeichnet. Eine vollständige Übereinstimmung zwischen Original und Simulationsmodell ist grundsätzlich nur bedingt möglich, da das abstrahierte und idealisierte Modell nicht alle Aspekte und Einflussgrößen berücksichtigen kann. Die Übereinstimmung ist nur innerhalb eines als akzeptierbar vorgegebenen Toleranzrahmens möglich [101]. Im Zuge der Validierung kann die Leistungsgrenze des Simulationssystems bestimmt werden, ab der eine ausreichende Übertragbarkeit der Simulationsergebnisse auf das reale System nicht mehr gegeben ist.

4.6.1. Betrachtete Kriterien

Das erstellte Simulationssystem dient der Abbildung der jeweils betrachteten Förderanlage gegenüber der zentralen Steuereinheit, die als Original-Hardware angebunden ist. Das gesamte Originalsystem ist auf die Ausführung der Steuerungsalgorithmen unter weichen Echtzeitbedingungen ausgelegt. Insbesondere die Zykluszeit der auf den intelligenten Feldgeräten ablaufenden Software unterliegt großen Schwankungen (vgl. Abbildung 2.4). Enge Grenzwerte, bei deren Einhaltung eine ausreichende Übereinstimmung von Simulationsmodell und realer Anlage vorliegt, können praktisch nicht festgelegt werden. Für das vorliegende Simulationssystem wurden folgende Kriterien betrachtet, die eine Aussage über die Validität der verwendeten Simulationsmodelle erlauben:

- **Ausreichende Aktualisierungsrate der Anlagensimulation**
  Der Zustand der in der Anlagensimulation verwendeten Gerätemodelle ist mit einer ausreichend hohen Aktualisierungsrate zu berechnen, so dass aktuelle Sensordaten an die Gerätesoftware übermittelt werden können.

- **Vergleichbare Zykluszeit der Feldgerätesoftware**
  Die mittlere Zykluszeit der im Simulationssystem verwendeten Gerätesoftware muss mit der Zykluszeit auf der Originalplattform vergleichbar

sein. Dieses Kriterium entfällt bei Verwendung der Gerätesoftware auf der Originalplattform.

- **Laufende Verarbeitung der virtuellen Sensordaten**
  Für ein realitätsnahes Verhalten müssen die simulierten Feldgeräte laufend aktuelle Daten der virtuellen Sensoren verarbeiten.

- **Überwachungsmechanismen der zentralen Steuereinheit**
  Die zentrale Steuereinheit verfügt über Kontroll- und Überwachungsmechanismen, um ungültige Anlagenzustände zu erkennen. Im regulären simulierten Anlagenbetrieb dürfen keine dieser Mechanismen ausgelöst werden.

- **Plausibles Anlagenverhalten in der 3D-Visualisierung**
  In der 3D-Visualisierung muss ein plausibles Anlagenverhalten im Vergleich zu einem realen Anlagenbetrieb vorliegen.

4.6.2. Verwendetes Simulationsmodell

Zur Validierung und zur Bestimmung der Leistungsgrenze des erstellten Simulationssystems wurden Tests mit einem speziellen Simulationsmodell durchgeführt, das eine fiktive FTS-Anlage repräsentiert. Der Streckenverlauf umfasst eine Gesamtlänge von 400 m. Die Anlage wurde mit Hilfe des Parameter- und Diagnoseprogrammes für einen Rundlauf der Fahrzeuge im Automatik-Modus parametriert. In dieser Betriebsart wird die gesamte Anlage vollautomatisch gesteuert, ohne dass ein manueller Eingriff des Anwenders, z.B über die Bedienpulte, notwendig ist. Verhaltensparameter der Fahrzeuge (z. B. schnelle/langsame Geschwindigkeit) wurden von bereits in Betrieb befindlichen realen Anlagen übernommen. Gleiches gilt für die Parameter, welche das Telegrammaufkommen der Ethernet-Kommunikation zwischen den Fahrzeugen und der zentralen Steuereinheit festlegen. Die simulierten Fahrzeuge des FTS wurden mit einem Transponderlesegerät sowie einem Absolutwertgeber ausgestattet. Sie verfügen über zwei lenkbare Achsen, die jeweils über eine Spurführungsantenne verfügen. Damit repräsentierten die Fahrzeuge den in der Simulation maximal möglichen Komplexitätsgrad zur Zeit der Durchführung der Tests.

4.6.3. Ergebnisse

Zur Bewertung der betrachteten Kriterien wurden diverse Messungen während der Simulation der Förderanlage im Automatik-Modus durchgeführt. Die Anzahl der simulierten Fahrzeuge wurde ausgehend von einem einzelnen Fahrzeug schrittweise erhöht. Die Instanzen der Gerätesoftware wurden bei der ersten Messreihe auf einem separaten Rechner ausgeführt. Für die zweite Messreihe wurde ein Kompaktsystem verwendet, bei dem sowohl die Gerätesoftware als auch die Anlagensimulation auf einem einzigen Rechner abliefen (vgl. Abschnitt 4.3.3). Die Original-Hardware der Feldgeräte wurde für die Messungen nicht verwendet, da in diesem Fall der zu validierende Übergang auf eine andere Hardwareplattform nicht stattfindet. Zudem stand für eine Bestimmung der Leistungsgrenzen des Simulationssystems keine ausreichende Anzahl der eingesetzten Einplatinenrechner zur Verfügung.

Abbildung 4.24 zeigt die Ergebnisse der ersten Messreihe. Die mittlere Zykluszeit der auf dem separaten PC ausgeführten Gerätesoftware steigt bei

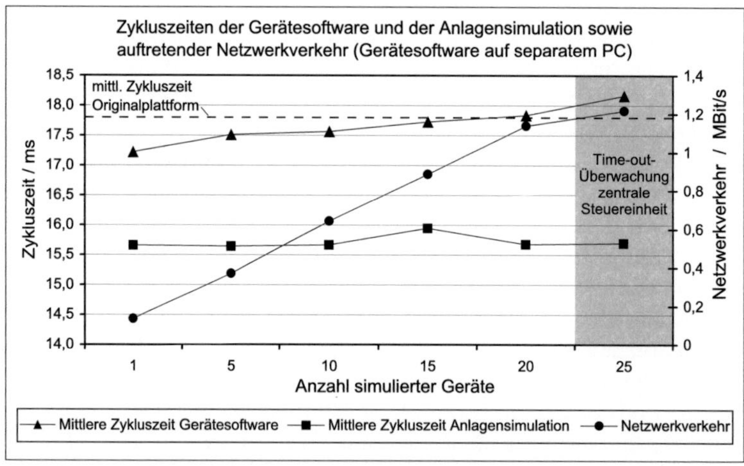

Abbildung 4.24.: Zykluszeiten der Gerätesoftware und der Anlagensimulation sowie auftretender Netzwerkverkehr in Abhängigkeit von der Anzahl der simulierten Feldgeräte. Die Anlagensimulation und die Instanzen der Gerätesoftware wurden auf zwei Rechnern ausgeführt. Die Dauer der Messung betrug jeweils ca. drei Minuten.

zunehmender Geräteanzahl. Bei 20 simulierten Geräten stimmt sie nahezu mit der mittleren Zykluszeit der Gerätesoftware auf der Originalplattform (17,8 ms, als gestrichelte Linie dargestellt) überein. Die mittlere Zykluszeit der Anlagensimulation bleibt trotz zunehmender Geräteanzahl weitgehend konstant. Für die Gerätemodelle wurde eine Wartezeit von 15 ms zwischen den Aktualisierungen vorgegeben. Durch die begrenzte Auflösung der internen Timer-Funktionen von Windows ist die reale Wartezeit jedoch auf 15,625 ms erhöht.[2] Nach jedem abgeschlossenen Aktualisierungszyklus der Anlagensimulation werden die Zustandsdaten der virtuellen Sensoren an die jeweilige Instanz der Gerätesoftware gesendet. Im Diagramm ist der dabei auftretende Netzwerkverkehr dargestellt. Für jedes Fahrzeug der im Test simulierten FTS-Anlage fallen zyklisch Datenpakete identischer Größe an. Die Datenrate zwischen Simulations-PC und dem PC mit den Gerätesoftware-Instanzen steigt daher annähernd linear mit der Anzahl der simulierten Geräte.

Im Zuge der Messreihe wurde die Anzahl der simulierten Fahrzeuge bis auf 25 erhöht. Bei 25 Geräten liegt die mittlere Zykluszeit der Gerätesoftware 2,1% über der mittleren Zykluszeit bei Ausführung der Software auf der Originalplattform. Das wird als tolerierbare Abweichung angesehen. Aus dem Verlauf der Zykluszeit der Anlagensimulation ergibt sich, dass der Gerätesoftware durchschnittlich mehr als ein Datenpaket pro Zyklus mit aktuellen Sensordaten zur Verfügung gestellt wird. Von einer ausreichend schnellen Versorgung der Gerätesoftware mit aktuellen Sensordaten ist daher auszugehen. Bei einer Simulation der Förderanlage im Automatik-Modus mit bis zu 20 Geräten wurden keine Kontroll- oder Überwachungsmechanismen der zentralen Steuereinheit ausgelöst. Die Funktionsbereitschaft dieser Mechanismen wurde zuvor durch bewusstes Herbeiführen von Fehlerzuständen überprüft. Hierzu zählt z. B. die Unterbrechung der Netzwerk-Kommunikation, das Deaktivieren virtueller Sensoren oder eine Unterschreitung des Sicherheitsabstandes zweier Transportfahrzeuge durch manuelles Verschieben. Aus Sicht der zentralen Steuereinheit lag damit stets ein gültiger Anlagenzustand vor. Bei der Simulation von 25 Fahrzeugen wurde mehrfach eine Time-out-Überwachung der zentralen Steuereinheit ausgelöst. Die Überwachung signalisierte, dass von einem Feldgerät keine Prozessdaten empfangen werden. Durch eine Aufzeichnung der Datenpakete konnte jedoch nachgewiesen werden, dass die Steuereinheit in diesem Fall die eintreffenden Prozessdaten nicht schnell genug verarbeiten konnte. Einzelne Datenpakete wurden dadurch verworfen und nicht ausgewer-

---

[2]Im hier verwendeten System sind nur Vielfache von $\frac{1}{1024}$ s $\approx 0,977$ ms erreichbar

tet. Die mögliche Anzahl simulierter Geräte wird demnach durch die zentrale Steuereinheit begrenzt und lag zum Zeitpunkt der Messungen bei ca. 20 Geräten. Bei einer realen Anlage müsste eine zweite Steuereinheit eingesetzt werden, um die Geräteanzahl weiter zu erhöhen. Dieser Fall wird für das hier verwendete prototypische Simulationssystem jedoch nicht betrachtet.

Für die zweite Messreihe wurde sowohl die Gerätesoftware als auch die Anlagensimulation auf einem einzigen Rechner ausgeführt (Abbildung 4.25). Es ergibt sich ein ähnliches Verhalten wie bei der zuvor geschilderten Konfiguration. Bei 20 simulierten Geräten liegt die mittlere Zykluszeit der Gerätesoftware 2% über der mittleren Zykluszeit bei Ausführung der Software auf der Originalplattform. Auch hier ist aufgrund der Messungen von einer ausreichend schnellen Versorgung der Gerätesoftware mit aktuellen Sensordaten auszugehen. Der auftretende Netzwerkverkehr kann bei dieser Konfiguration nicht bestimmt werden, da die Datenpakete innerhalb des Simulationsrechners verarbeitet werden. Eine Aufzeichnung des Datenverkehrs ist dabei nicht

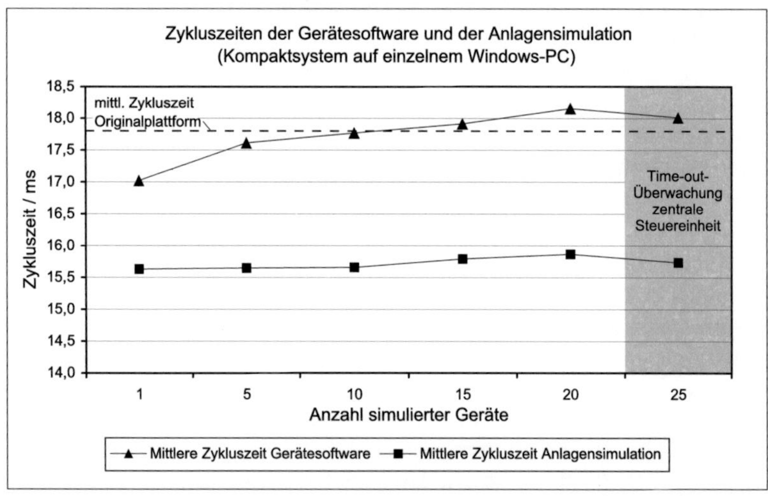

Abbildung 4.25.: Zykluszeiten der Gerätesoftware und der Anlagensimulation in Abhängigkeit von der Anzahl der simulierten Feldgeräte. Die Anlagensimulation und die Instanzen der Gerätesoftware wurden auf einem PC ausgeführt. Dauer der Messung: jeweils ca. drei Minuten.

möglich. Aufgrund der vergleichbaren Ausführungsgeschwindigkeiten der Softwarekomponenten ist jedoch ein ähnliches Datenaufkommen wie bei der zuvor geschilderten Messreihe anzunehmen. Eine Simulation der Förderanlage im Automatik-Modus mit 20 Fahrzeugen konnte auch bei dieser Konfiguration ohne auftretende Fehler durchgeführt werden. Die mögliche Anzahl simulierter Geräte wurde auch hier durch die zentrale Steuereinheit begrenzt, deren Time-out-Überwachung bei einer Anzahl von 25 Geräten ausgelöst wurde.

Durch die bisher geschilderten Messungen konnte eine ausreichend schnelle Generierung der Sensordaten durch die Anlagensimulation nachgewiesen werden. Um auch die Verarbeitung der Sensordaten bewerten zu können, wurden Diagnosefunktionen in die Gerätesoftware implementiert. Nach jeweils 100 Programmzyklen der Gerätesoftware wurde das Verhältnis von empfangenen zu verarbeiteten Datenpaketen protokolliert, welche die Sensordaten übermitteln. Abbildung 4.26 zeigt die Ergebnisse bei Ausführung der Gerätesoftware auf einem separaten PC bzw. beim Einsatz eines Kompaktsystems. Die dargestellten Werte sind Mittelwerte aus einer jeweils dreiminütigen Aufzeichnung. Der minimale Wert, der insgesamt während der Messreihen innerhalb

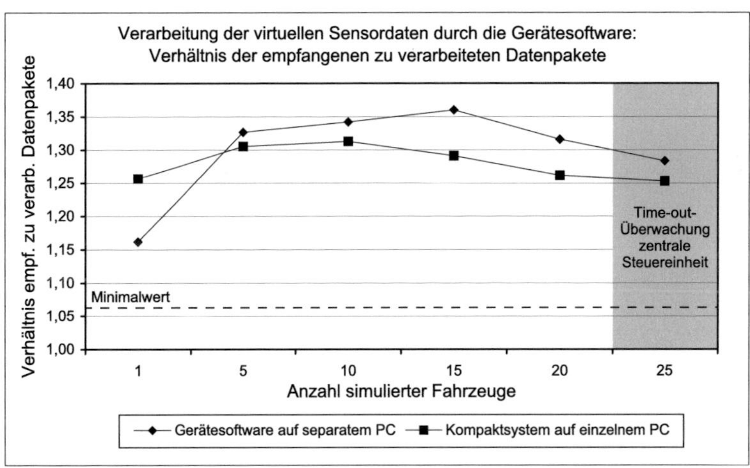

Abbildung 4.26.: Verarbeitung der Sensordaten durch die Gerätesoftware. Gemessen wurde das Verhältnis der empfangenen zu verarbeiteten Datenpakete. Dauer der Messung: jeweils ca. drei Minuten.

von 100 Programmzyklen auftrat, beträgt 1,06 und ist als gestrichelte Linie ins Diagramm eingezeichnet. Sowohl bei der Ausführung der Gerätesoftware-Instanzen auf einem separaten PC als auch beim Einsatz eines Kompaktsystems wurden stets mehr Datenpakete von einer Instanz der Gerätesoftware empfangen als verarbeitet werden konnten. Das ist kein Fehlerfall, sondern ergibt sich aus der Art der Implementierung der Kommunikationsschnittstelle auf Seiten der Gerätesoftware. Diese stellt jeweils nur die aktuellsten empfangenen Daten zur Auswertung bereit und überschreibt ggf. die veralteten, noch nicht ausgewerteten Datenpakete. Durch die Messreihen konnte gezeigt werden, dass der Gerätesoftware während der Simulation der Förderanlage stets aktuelle Sensordaten vom zugeordneten Gerätemodell in der Anlagensimulation zur Verfügung stehen. Bei einem bewusst herbeigeführten Kommunikationsabbruch wurden zusätzlich implementierte Time-out-Überwachungen ausgelöst. Über die Diagnosefunktionen der zentralen Steuereinheit melden die jeweiligen Feldgeräte in diesem Fall einen Fehler der angeschlossenen Sensorik.

Parallel zu den Datenaufzeichnungen wurde das Verhalten der simulierten Förderanlage in der 3D-Visualisierung begutachtet (Abbildung 4.27). Durch

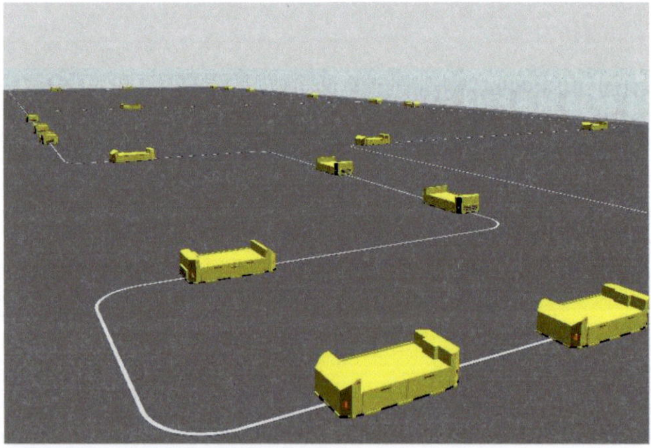

Abbildung 4.27.: 3D-Visualisierung der fiktiven FTS-Anlage, die zur Validierung und Bestimmung der Leistungsgrenzen des erstellten Simulationssystems genutzt wurde.

die Darstellung der zeitlichen Abläufe kann beobachtet werden, ob die Abläufe im Modell im betrachteten Modell- und Zeitabschnitt plausibel sind oder ob es Unterschiede zum realen System gibt [117]. In der 3D-Visualisierung zeigte sich während der durchgeführten Messreihen durchgängig ein plausibles Anlagenverhalten. Die Zustandsdaten der virtuellen Sensoren wurden entsprechend den definierten Sensormarken und den Positionen der Fahrzeuge korrekt berechnet. Die Funktion der implementierten Kollisionserkennung wurde durch manuelles Aufeinanderschieben der Fahrzeuge verifiziert.

Entsprechend den betrachteten Kriterien wurde durch die Messungen bekräftigt, dass eine ausreichende Validität des Simulationsmodells vorliegt. Eine Simulation unter Verwendung von 20 Feldgeräten ist möglich. Die Leistungsgrenze wurde zum Zeitpunkt der Messungen durch die zentrale Steuereinheit bestimmt. Das Erreichen der Leistungsgrenze wird dem Anwender durch das Auslösen von Time-out-Überwachungen eindeutig signalisiert. Die Validierung der im vorliegenden Simulationsmodell nicht verwendeten Funktionen erfolgte während der weiteren Anwendung des Simulationssystems nach den gleichen Kriterien und führte zu vergleichbaren Ergebnissen.

4.7. Programmbestandteile des Simulationssystems

Das realisierte Simulationssystem besteht aus verschiedenen Programmbestandteilen, die größtenteils mit der Programmiersprache C# erstellt wurden. Lediglich die Erweiterung der original Gerätesoftware wurde in der Sprache C programmiert. In Tabelle 4.1 sind die im Rahmen dieser Arbeit entstandenen Programmbestandteile und die Anzahl der hierfür jeweils erstellten Programmzeilen aufgeführt. Den größten Umfang nimmt die Programmierung der Gerätemodelle ein, gefolgt von der Hauptanwendung, welche die zentrale Daten- und Objektverwaltung sowie den Simulationskern beinhaltet. Der Gesamtumfang des erstellten Programmcodes beläuft sich auf ca. 35000 Programmzeilen.

Tabelle 4.1.: Programmbestandteile des Simulationssystems mit Anzahl der erstellten Programmzeilen.

Teilbereich	Inhalt/Funktionen	Programmzeilen
Gerätemodelle	– EHB-/ FTS-Fahrzeuge – EHB-Weichen – Handbediengeräte – Kinematikmodelle – virtuelle Sensoren	7432
Hauptanwendung	– Daten-/ Objektverwaltung – Simulationskern	6249
Umgebungsmodell	– Abbildung Fahrstrecke – Sensormarken – Gebäudemodell	5741
GUI	– Hauptprogrammfenster – Benutzerinteraktion	4518
Konfiguration	– Laden / Speichern von Simulationsmodellen – Verwaltung von Programmeinstellungen	3140
Kommunikation	– Anbindung der Gerätesoftware	2418
Animationssystem	– Bewegungsanimation (Drucktaster) – Farbanimation (z. B. für Signalleuchten)	1779
Kollisionserkennung	– Umsetzung Separating Axis Theorem – Kollisionsvolumina	1036
Hilfsfunktionen	– Matrixoperationen – Protokollierung	555
Erweiterung der Gerätesoftware	– Kommunikation mit Anlagensimulation – Überschreiben von Zustandsdaten	1967
	Summe:	34835

5. Anwendung des neuen Simulationssystems

Um die praktische Anwendbarkeit des neu erstellten prototypischen Simulationssystems zu überprüfen, wurde es bei mehreren Projekten eingesetzt. Die Projekte umfassen in der Regel die komplette Projektierung, Montage und Inbetriebnahme der jeweiligen Anlage.

Nach der Beschreibung des generellen Ablaufes einer virtuellen Inbetriebnahme, die mit Hilfe des Simulationssystems durchgeführt wird, werden die Projekte im Einzelnen vorgestellt. Im Anschluss werden die erzielten Ergebnisse zusammenfassend dargestellt.

5.1. Ablauf der virtuellen Inbetriebnahme

Die virtuelle Inbetriebnahme mit dem neu entwickelten System ist durch die Integration in den bereits vorhandenen Applikations-Systembaukasten gekennzeichnet, aus dem die Förderanlagen erstellt werden. Die Integration zeigt sich in der durchgängigen Verwendung von original Hardware- und Softwarekomponenten des Systembaukastens.

Eine Voraussetzung für die Durchführung der virtuellen Inbetriebnahme ist die Betriebsbereitschaft der einzelnen Komponenten und deren Zusammenschluss zu einem Hardware-in-the-loop-Simulationssystem. Hierfür ist eine der möglichen Konfigurationen auszuwählen, um die Gerätesoftware in das Simulationssystem einzubinden (vgl. Abschnitt 4.3.3). Dadurch ist bestimmt, für welche Zielplattform (Original-Hardware oder Windows-PC) der Programmcode der Feldgerätesoftware zu übersetzen ist. Je nach Konfiguration sind auch die verwendeten Einplatinenrechner in Betrieb zu setzen. Dazu muss u. a. die

Gerätesoftware aufgespielt und die Ethernet-Netzwerkschnittstelle konfiguriert werden. Gleiches gilt für die zentrale Steuereinheit der Förderanlage. Benötigt wird weiterhin mindestens ein Bedienpult zur manuellen Steuerung und Diagnose der Förderanlage. Alternativ steht die Software des Bedienpultes als Windows-Anwendung zur Verfügung, so dass keine spezielle Hardware benötigt wird.

Die einzelnen Komponenten werden in diesem Schritt lediglich betriebsbereit gemacht, d. h. es findet noch keine projektspezifische Inbetriebnahme statt. Als Ergebnis der Vorbereitungen steht ein Hardware-in-the-loop-Simulationssystem nach Abbildung 5.1 zur Verfügung, das für die virtuelle Inbetriebnahme eingesetzt werden kann. Dargestellt ist beispielhaft die Konfiguration mit einem Simulationsrechner, auf dem sowohl die Anlagensimulation mit 3D-Visualisierung als auch verschiedene Instanzen der Feldgerätesoftware unter Windows ausgeführt werden. Auf dem Simulationsrechner ist ebenfalls das Parameter- und Diagnoseprogramm des Applikations-Systembaukastens installiert.

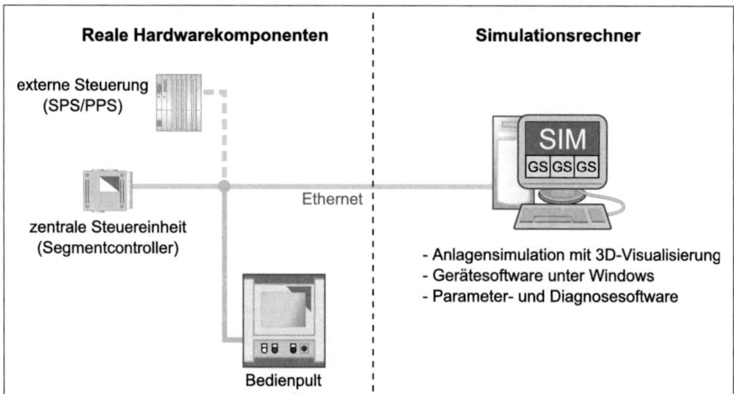

Abbildung 5.1.: Hardware-in-the-loop-Simulationssystem für die virtuelle Inbetriebnahme der Förderanlagen. Gezeigt ist die Konfiguration als Kompaktsystem mit einem einzelnen Simulationsrechner.

Die Inbetriebnahme der Komponenten liegt in der Verantwortung des Systemanbieters der Förderanlagen. Wird das Simulationssystem von einem Generalunternehmer oder dem Anlagenbetreiber eingesetzt, so können vom Systemanbieter bereits betriebsbereite Komponenten zur Verfügung gestellt werden.

Abbildung 5.2 gruppiert den Ablauf der anschließend durchzuführenden virtuellen Inbetriebnahme in verschiedene Arbeitsschritte. Für jeden Arbeitsschritt ist angegeben, ob das Parameter- und Diagnoseprogramm des Applikations-Systembaukastens oder die erstellte Anwendung zur Anlagensimulation eingesetzt wird. Eine Integration der virtuellen Inbetriebnahme in den gesamten Projektverlauf kann in Form von fest vereinbarten Meilensteinen erfolgen, die definierte Synchronisations- und Validierungsschritte kennzeichnen. Im Vorfeld des realen Produktionsanlaufs (SOP[1]) wird die virtuelle Inbetriebnahme dabei mit Hilfe von virtuellen SOP-Meilensteinen (vSOP) in den Projektverlauf eingebunden [66, 138].

5.1.1. Administrative Parametrierung

Der erste Schritt der virtuellen Inbetriebnahme besteht in der administrativen Parametrierung der Förderanlage mit Hilfe des bereits vorhandenen Parameter- und Diagnoseprogrammes. Bei der administrativen Parametrierung werden der logische Aufbau der Förderanlage im System abgebildet und grundlegende Systemeigenschaften definiert. Eine Parametrierung der Anlagenfunktion findet noch nicht statt.

Aus einer Bibliothek wird für jedes intelligente Feldgerät ein entsprechendes Objekt im Parameter- und Diagnoseprogramm angelegt. Dieses stellt die später benötigten grafischen Oberflächen zur Parametrierung und Diagnose der Gerätefunktion zur Verfügung. Einzelne Geräte werden in logischen Gruppen, sog. Funktionsgruppen, zusammengefasst. Für die einzelnen Funktionsgruppen können bestimmte Zugriffsrechte für verschiedene Benutzer des Systems festgelegt werden [97]. Durch Geräteparameter wie IP-Adresse und Geräte-ID wird die Struktur des vorliegenden Ethernet-Netzwerkes eingegeben und die Identifikation der Geräte ermöglicht. Um die Gerätesoftware im HIL-Simulationssystem nutzen zu können, muss der Anwender durch einen

---

[1]engl.: *Start of Production*

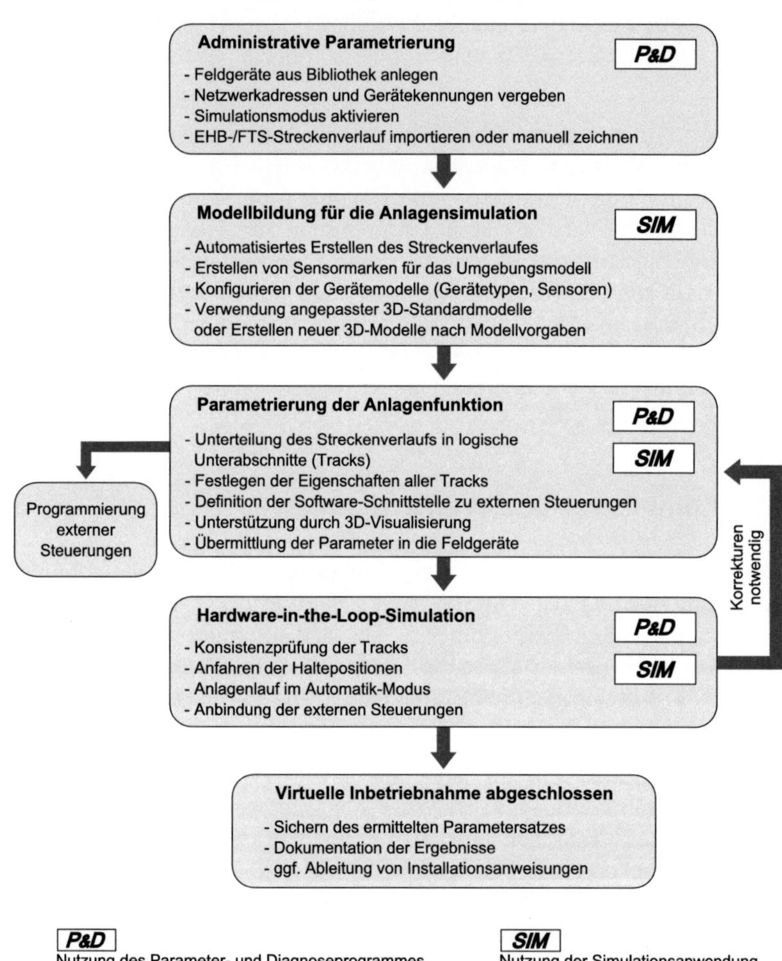

Abbildung 5.2.: Arbeitsschritte zur Durchführung einer virtuellen Inbetriebnahme mit dem neu entwickelten System.

speziellen Parameter den Simulations-Modus aktivieren. Die in Abschnitt 4.3.2 geschilderte Kommunikationsschnittstelle zur Anlagensimulation wird dadurch freigeschaltet.

Anschließend kann der Streckenverlauf der betrachteten EHB- oder FTS-Anlage durch den Import einer gegebenen CAD-Layoutzeichnung erstellt werden (vgl. Abbildung 2.3 auf Seite 46). Falls keine Layoutzeichnung vorliegt, ist alternativ ein manuelles Zeichnen des Streckenverlaufes direkt im Parameter- und Diagnoseprogramm möglich. Da hierbei jedoch nur einfache Zeichenmethoden zur Verfügung stehen, ist ein CAD-Datenimport dem manuellen Zeichnen vorzuziehen.

Ein wichtiges Zwischenergebnis nach diesem Schritt ist eine funktionsfähige Kommunikationsverbindung des Parameter- und Diagnoseprogrammes zu den verschiedenen intelligenten Feldgeräten. Über die Verbindung erfolgt später die Parametrierung der Anlagenfunktion sowie eine Diagnose des Anlagenzustandes.

5.1.2. Modellbildung

Im zweiten Schritt erfolgt die Modellbildung für die Simulation der nicht real vorhandenen Elemente der Förderanlage. Hierzu wird ausschließlich die neu erstellte Anwendung zur Anlagensimulation und 3D-Visualisierung genutzt.

Ausgangspunkt für die Modellbildung ist die aus dem Parameter- und Diagnoseprogramm erhaltene Anlagenkonfigurationsdatei. Nach der administrativen Parametrierung enthält diese bereits den logischen und geometrischen Streckenverlauf der betrachteten Anlage. Wie in Abschnitt 4.1 geschildert, wird daraus automatisch die Objekttabelle zur internen Abbildung des Streckenverlaufes sowie die zugehörige 3D-Visualisierung inklusive des umgebenden Gebäudes erstellt.

Das Hinzufügen der in Abschnitt 4.1.4 beschriebenen Sensormarken entlang der Strecke komplettiert das Umgebungsmodell. Der Benutzer erstellt die Sensormarken direkt in der 3D-Visualisierung. Ihre Position kann in der CAD-Layoutzeichnung der Anlage vermerkt sein, worauf sie dann entsprechend zu übertragen sind. Andererseits können die Sensormarken auch erst in diesem Schritt entsprechend realen Installationsrichtlinien festgelegt werden. Somit entstehen während der Modellbildung Vorgaben in Form einer Installationsanweisung, die während der realen Inbetriebnahme für eine Übertragbarkeit der Ergebnisse einzuhalten sind.

Für jedes zu simulierende Feldgerät muss der Benutzer anschließend ein entsprechendes Gerätemodell konfigurieren (vgl. Abschnitt 4.2.6). Als 3D-Modelle der Feldgeräte können bereits vorhandene, ggf. angepasste Standardmodelle verwendet werden. Eine Neuerstellung sehr realitätsnaher 3D-Modelle ist ebenfalls möglich. Dabei sind jedoch die gestellten Modellvorgaben zu beachten, damit eine automatische Zuordnung zum Kinematikmodell erfolgen kann und für die Kollisionserkennung eine korrekte Hüllkörper-Hierarchie vorliegt.

Als Ergebnis liegt ein Abbild der realen Förderanlage in der Anlagensimulation vor. In der 3D-Visualisierung werden der Streckenverlauf sowie die 3D-Modelle der Feldgeräte dargestellt. Die virtuellen Sensoren der Gerätemodelle sind betriebsbereit und berechnen die aktuellen Sensorwerte auf Basis der vorliegenden Sensormarken. Die Gerätemodelle sind zudem über die Kommunikationsschnittstelle mit ihrer zugehörigen Gerätesoftware-Instanz verbunden.

5.1.3. Parametrierung der Anlagenfunktion

Die Parametrierung der Anlagenfunktion ist der umfangreichste Schritt der virtuellen Inbetriebnahme. Hier wird im Parameter- und Diagnoseprogramm das Verhalten der Förderanlage durch Setzen zahlreicher Parameter definiert [97]. Die Parametrierung erfolgt entsprechend dem für das Projekt gültigen Lastenheft, das feste Zielvorgaben für die Anlagenfunktion sowie einzuhaltende Randbedingungen enthält. Das Parametrieren der Förderanlage umfasst im Wesentlichen

- die Unterteilung des Streckenverlaufs in logische Abschnitte. Diese werden als *Tracks* bezeichnet.

- die Festlegung von Eigenschaften für jeden Track (z. B. Fahrgeschwindigkeit, Haltepositionen, Fließ- oder Taktbetrieb).

- das Einrichten der Softwareschnittstelle für den Datenaustausch mit externen Steuerungen. Art und Umfang der auszutauschenden Daten werden dabei mittels parametrierbarer Ein-/Ausgabelisten definiert.

Die gesetzten Parameter werden in der Datenbank des Parameter- und Diagnoseprogrammes gespeichert. Nach der Übermittlung der Parameter an die Feldgeräte verhalten sich diese entsprechend den gesetzten Werten.

Während des Arbeitsschrittes kann der Anwender mit Hilfe der in Abschnitt 4.5 geschilderten Benutzeroberfläche der 3D-Visualisierung geeignete Werte für die Parametrierung der logischen Streckenabschnitte ermitteln. Fahrzeuge können, wie auch an der realen Anlage üblich, manuell an vorgesehene Haltepositionen gesetzt werden. Die virtuellen Sensoren der Fahrzeuge liefern dann den Positionswert, der für die korrekte Parametrierung der Halteposition genutzt wird.

Parallel zu diesem Arbeitsschritt kann bereits die Programmierung der externen Steuerungen durchgeführt werden, die für einen Datenaustausch mit der Förderanlage vorgesehen sind. Der Programmieraufwand hängt wesentlich davon ab, wie viele Steuerungsfunktionen die externe Steuerung von der zentralen Steuereinheit der Förderanlage übernimmt. Die über Parameter festgelegte Softwareschnittstelle ist dabei auch auf Seiten der externen Steuerung abzubilden.

5.1.4. Hardware-in-the-loop-Simulation

Mit Hilfe des Hardware-in-the-Loop-Simulationssystems kann eine Überprüfung der Anlagenfunktion und damit der aktuell gesetzten Parameter erfolgen. Eine schrittweise Erweiterung der Anlagenfunktionalität bis zum geforderten Endzustand bietet dabei die Möglichkeit, jeweils eine überschaubare Menge an Funktionen bzw. Parametern zu verifizieren.

So kann die Unterteilung des Streckenverlaufs in einzelne Tracks bereits mit nur einem simulierten Fahrzeug auf Konsistenz überprüft werden. Hierzu wird das Fahrzeug in der 3D-Visualisierung manuell durch die gesamte Fahrstrecke geschoben. Bei einer fehlerhaften Parametrierung kann die Gerätesoftware eines Fahrzeuges nicht an jeder Stelle der Fahrstrecke eine gültige Position aus den Werten der virtuellen Sensoren berechnen. Das korrekte Anfahren von Haltepositionen wird überprüft, indem ein simuliertes Fahrzeug mit Hilfe des Bedienpultes in die verschiedenen Haltepositionen gefahren wird. In der CAD-Layoutzeichnung der Förderanlage sind in der Regel die Haltepositionen der Fahrzeuge markiert. Wird die Layoutzeichnung in der 3D-Visualisierung eingeblendet (s. Abschnitt 4.1.5), kann der Anwender die geforderten direkt mit den aktuell parametrierten Haltepositionen vergleichen.

Ein weiteres Zwischenziel ist der Betrieb der simulierten Förderanlage im Automatik-Modus, bei dem die zentrale Steuereinheit die Förderanlage vollautomatisch steuert. Bei einer fehlerhaften Parametrierung treten im Automatik-Modus Störungen auf, die von einer Unterschreitung des Mindestabstandes zweier Fahrzeuge bis hin zu einer Fahrzeugkollision reichen können.

Nach einem störungsfreien Betrieb der simulierten Anlage im Automatik-Modus steht das Simulationssystem als Testumgebung für die externen Steuerungen bereit. In dieser Phase wird geprüft, ob der Datenaustausch zwischen der zentralen Steuereinheit der Förderanlage und der externen Steuerung entsprechend der parametrierten Softwareschnittstelle korrekt funktioniert.

Während der HIL-Simulation wird der Benutzer durch das Parameter- und Diagnoseprogramm detailliert über auftretende Fehler informiert. Gegebenenfalls sind in einem iterativen Prozess eine Korrektur der gesetzten Parameter und eine erneute Überprüfung der Anlagenfunktion durchzuführen.

5.1.5. Abschluss der virtuellen Inbetriebnahme

Je nach gewünschtem Detaillierungsgrad gilt die Erfüllung einer Teilmenge der im Lastenheft definierten Anforderungen als Kriterium für den Abschluss der virtuellen Inbetriebnahme. Die virtuelle Inbetriebnahme kann daher unter Umständen schon mit der Konsistenzprüfung der für den Streckenverlauf festgelegten Tracks enden, sofern keine weitergehende Anwendung des Systems beabsichtigt ist. Bei einem umfassenden Einsatz des Simulationssystems bildet hingegen eine fehlerfreie Simulation der Förderanlage im Automatik-Modus mit erfolgter Anbindung externer Steuerungen den Abschluss der virtuellen Inbetriebnahme.

Der verwendete Parametersatz wird anschließend gesichert und steht somit für die reale Inbetriebnahme der Förderanlage zur Verfügung. Die Ergebnisse der virtuellen Inbetriebnahme und insbesondere die Wahl systembestimmender Parameter sind zu dokumentieren. Sofern sich aus der Parametrierung der Förderanlage Installationsvorgaben für die reale Anlage ergeben (z. B. die Positionen von RFID-Transpondern), sind diese ebenfalls der Projektdokumentation zuzuführen.

Nicht in jedem der für das System definierten Anwendungsfälle (siehe Abschnitt 3.3) müssen die erläuterten Arbeitsschritte vollständig und mit realen Konfigurationsdaten durchlaufen werden. Der geschilderte Ablauf der virtuellen Inbetriebnahme kennzeichnet den maximal möglichen Umfang. Wie in Tabelle 5.1 dargestellt, ergeben sich jedoch je nach Anwendungsfall unterschiedliche Schwerpunkte:

- **Unterstützung der Inbetriebnahme**
  Im zentralen Anwendungsfall ist jeder der Arbeitsschritte von großer Bedeutung. Für eine Übertragbarkeit der Ergebnisse auf die reale Anlage muss jeder Schritt unter Beachtung der realen Anforderungen an die Anlagenfunktion durchlaufen werden. Vereinfachungen oder Abweichungen von vorgegebenen Funktionen sind nur in Ausnahmefällen möglich.

- **Softwaretest**
  Beim Einsatz des Simulationssystems zum Test der parametrierbaren System- und Gerätesoftware der Förderanlage steht die HIL-Simulation

Tabelle 5.1.: Bedeutung der einzelnen Arbeitsschritte der virtuellen Inbetriebnahme in den verschiedenen Anwendungsfällen.

	Administrative Parametrierung	Modellbildung	Parametrierung der Anlagenfunktion	HIL-Simulation
Unterstützung der Inbetriebnahme	●	●	●	●
Softwaretest	◐	○	◐	●
Präsentation und Akquisition	○	●	○	◐
Schulung	◐	◐	◐	◐

● sehr wichtig ◐ wichtig ○ untergeordnet

im Vordergrund. Neue Funktionen, die getestet werden sollen, müssen ggf. über die Parametrierung aktiviert werden. Die simulierte Förderanlage muss lediglich die für den Softwaretest relevante Funktionalität aufweisen. Eine exakte Modellbildung nach realen Vorgaben ist nicht notwendig.

- **Präsentation und Akquisition**
  Bei Präsentationen, die auch auf eine Akquisition des Kunden bzw. des Projektvorhabens abzielen können, ist eine frühzeitige optische Übereinstimmung von geplanter und in der Simulation dargestellter Förderanlage anzustreben. Die Modellbildung gewinnt im Vergleich zu den anderen Arbeitsschritten an Bedeutung. Die Demonstration der Systemeigenschaften erfordert weiterhin eine lauffähige HIL-Simulation. Eine vollständige Abbildung der Anlagenfunktionalität ist nicht notwendig, zumal diese in einem frühen Projektstadium oft noch Änderungen unterliegt.

- **Schulung**
  Wird mit Hilfe des Simulationssystems eine Schulung für Inbetriebnahme- oder Wartungspersonal durchgeführt, so können je nach Schwerpunkt der Schulung verschiedene Arbeitsschritte stärker oder schwächer betont werden. Für eine Schulung, die wenig Vorkenntnisse verlangt, bietet sich beispielsweise die Variation von Parametern einer bereits funktionsfähigen simulierten Förderanlage an. Eine Schulung kann jedoch auch eine komplette virtuelle Inbetriebnahme einer Förderanlage umfassen.

5.2. Verwendung des Systems in Projekten

Die einzelnen Projekte, in denen das neu entwickelte Simulationssystem bereits eingesetzt wurde, werden im Folgenden vorgestellt. Die Kenndaten, welche die Art und den Umfang der simulierten Förderanlagen beschreiben, sind jeweils in Tabellenform angegeben.

5.2.1. Elektrohängebahn zum Teiletransport in einer Lackierstraße

Gegenstand dieses Projektes war eine Elektrohängebahnanlage für den Transport von Werkstücken durch eine Lackierstraße.

Zur Positionserfassung verfügen die eingesetzten EHB-Fahrzeuge über ein Barcode-Positioniersystem. An vier Beladestationen können Fahrzeuge aus einem Leergehängespeicher abgerufen werden. Der Abruf erfolgt über Handbediengeräte an den Beladestationen, die von Werkern bedient werden. Über die Bediengeräte erfolgt auch eine Feinpositionierung an der jeweiligen Station. Die zu lackierenden Werkstücke werden am Gehänge befestigt und die Fahrzeuge verlassen die Station nach einer Quittierung durch die Werker. Abbildung 5.3 zeigt einen Teil der Fahrstrecke mit zwei beladenen Fahrzeugen der Anlage. An zwei weiteren Arbeitsstationen, die ebenfalls über Handbediengeräte mit ähnlicher Funktion verfügen, findet der Lackierprozess statt.

Abbildung 5.3.: EHB-Anlage zur Versorgung einer Lackierstraße. Gut zu erkennen ist das Barcodeband oberhalb der Fahrschiene, über das die Positionserfassung der Fahrzeuge erfolgt. Quelle: SEW-EURODRIVE

Nach dem Durchlaufen eines Trockenofens erreichen die Fahrzeuge zwei Entladestationen, bevor sie wieder in den Leergehängespeicher gelangen. Über eine Verzweigung des Rundkurses können die Fahrzeuge vor dem Entladen erneut den Lackierprozess und den Trockenofen durchlaufen. Eine weitere Weiche im Streckenverlauf ermöglicht das Ausschleusen von Fahrzeugen aus dem Rundkurs zur Durchführung von Wartungsarbeiten.

Im Vorfeld einer Wiederinbetriebnahme der Anlage aufgrund einer Softwareaktualisierung wurde die komplette EHB-Anlage virtuell in Betrieb genommen. Im Hauptfokus stand der Funktionstest der neuen Softwarekomponenten in einem realitätsnahen Anlagenbetrieb. Da die reale Anlage bereits vor Aufbau des Simulationsmodells betriebsbereit war, wurde der real verwendete Parametersatz der Anlage auch in der HIL-Simulation verwendet. Hierzu wurden die Sensormarken für das verwendete virtuelle Barcodelesegerät entsprechend dem realen Verlauf des Barcodebandes gesetzt.

Die EHB-Anlage wurde mit dem HIL-Simulationssystem anschließend fehlerfrei im Hand- und Automatikbetrieb simuliert. Auch die Bedienung der Anlage durch die Werker konnte in der Anlagensimulation realitätsnah nachgebildet und auf ihre Funktion hin überprüft werden. Abbildung 5.4 zeigt eine Ansicht der EHB-Anlage in der 3D-Visualisierung. Zu sehen sind auch die Handbediengeräte, deren Tasten in der Visualisierung per Mausklick gedrückt werden können. Durch die virtuelle Inbetriebnahme wurden die neuen Softwarekomponenten bereits in einem realistischen Anlagenbetrieb eingesetzt und getestet. Das Risiko von Störungen und Ausfallzeiten während der Softwareaktualisierung und Wiederinbetriebnahme der realen Anlage wurde dadurch erheblich verringert. Tabelle 5.2 fasst abschließend die charakteristischen Daten des Projektes zusammen.

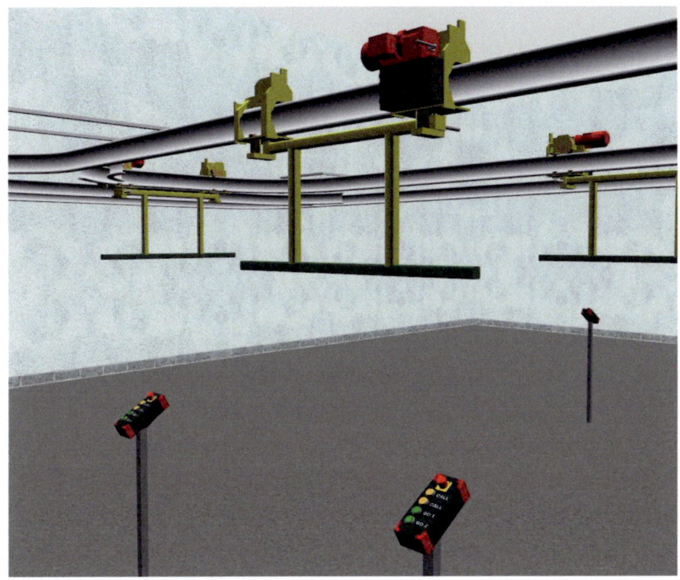

Abbildung 5.4.: Ansicht der EHB-Anlage in der 3D-Visualisierung. Die dargestellten Handbediengeräte können in der 3D-Umgebung bedient werden.

5.2.2. Fahrerloses Transportsystem in der Automobil-Cockpitfertigung

Bei diesem Projekt wurde ein fahrerloses Transportsystem für die Cockpitfertigung in der Automobilindustrie in Betrieb genommen [137].

Die einzelnen Fahrzeuge bestehen aus einem Zugfahrzeug und einem Teileträgeranhänger (Abbildung 5.5). Auf einem Rundkurs durchfahren sie verschiedene Stationen, an denen Stück für Stück das Cockpit zusammengesetzt wird. Nach einem automatischen Klebstoffauftrag werden die Cockpits entnommen und zum Einbau in die Karosserien weitergereicht. Das Leerfahrzeug wird schließlich wieder mit dem Cockpit-Rohmodul bestückt, bevor der Montagevorgang erneut beginnt. Die Fahrzeuge haben an der Frontseite eine Bedienleiste mit mehreren Drucktastern. Über die Bedienleiste können die

Tabelle 5.2.: Projektdaten der EHB-Anlage zur Versorgung einer Lackierstraße.

Anlagentyp	Elektrohängebahn
Anlagenfunktion	Materialtransport
Streckenlänge	ca. 175 m
Hauptfokus der VIBN	Softwaretest vor Wiederinbetriebnahme
Simulierte Feldgeräte	10 Fahrzeuge, 3 Weichen, 8 Handbediengeräte
Verw. virtuelle Sensoren	Barcodelesegeräte, Näherungsschalter
Endzustand nach VIBN	Rundlauf im Automatik-Modus, Bedienung über Handbediengeräte
Anzahl gesetzter Parameter	ca. 1200
Besonderheiten	Übernahme des real verwendeten Parametersatzes für die VIBN

Abbildung 5.5.: Fahrerloses Transportsystem für die Cockpitfertigung in
der Automobilindustrie. Die Fahrzeuge sind als Schlepper mit nachlau-
fendem Teileträgeranhänger ausgeführt. Quelle: Volkswagen/SEW-EURODRIVE

Fahrzeuge bei einem Ausfall der zentralen Steuereinheit in einem speziellen Handbetrieb durch die verschiedenen Stationen gesteuert werden.

Vor der realen Inbetriebnahme fand eine virtuelle Inbetriebnahme der Förderanlage statt. Aufgrund der besonderen Fahrzeuggeometrie wurde ein neues 3D-Modell unter Beachtung der Modellvorgaben erstellt. Durch die danach weitgehend automatisierte Modellbildung stand bereits nach einem Tag ein HIL-Simulationssystem bereit, das zur Parametrierung der Förderanlage und für die anschließende Simulation genutzt wurde. Abbildung 5.6 zeigt die Anlage in der 3D-Visualisierung. Die 3D-Modelle der Fahrzeuge verfügen wie ihre realen Gegenstücke über eine Bedienleiste, wodurch die simulierte Förderanlage auch im o.g. Handbetrieb gesteuert werden konnte. Dabei wurde ein Überfahren von Haltepositionen festgestellt, was auf einen Software-Fehler zurückgeführt werden konnte. Das identische fehlerhafte Verhalten trat ebenfalls an einer Testanlage auf, welche bei diesem Projekt für Hardware-Integrationstests genutzt wurde. Zum Abschluss der virtuellen Inbetriebnahme konnte die simulierte Förderanlage sowohl im geforderten Handbetrieb als auch im automatischen Rundlauf betrieben werden. Die charakteristischen Daten des Projektes beschreibt Tabelle 5.3.

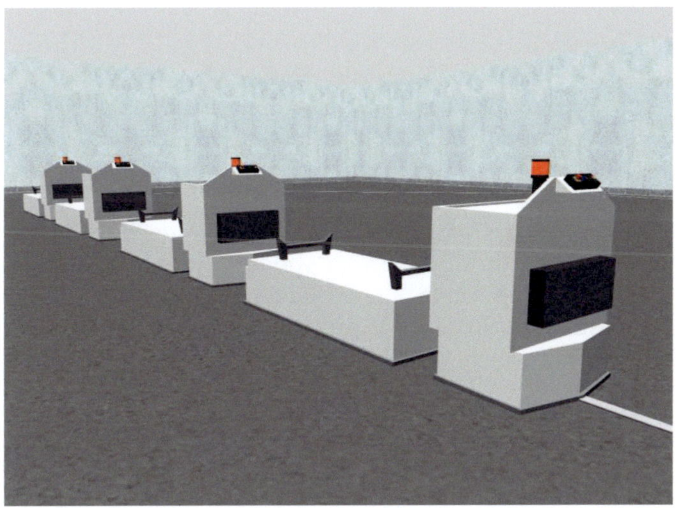

Abbildung 5.6.: 3D-Visualisierung des in der Automobil-Cockpitfertigung eingesetzten FTS im Rahmen der virtuellen Inbetriebnahme

Tabelle 5.3.: Projektdaten der FTS-Anlage für die Automobil-Cockpit-fertigung.

Anlagentyp	Fahrerloses Transportsystem
Anlagenfunktion	mobile Montageplattform
Streckenlänge	ca. 140 m
Hauptfokus der VIBN	Softwaretest und Inbetriebnahmeunterstützung
Simulierte Feldgeräte	15 Fahrzeuge
Verw. virtuelle Sensoren	Transponderlesegeräte, Resolver, Spurführungsantennen
Endzustand nach VIBN	Rundlauf im Automatik-Modus, projektspezifischer Handbetrieb
Anzahl gesetzter Parameter	ca. 600
Besonderheiten	Bedienung der Fahrzeuge im Handbetrieb über mitgeführte Bediengeräte

5.2.3. Fahrerloses Transportsystem als mobile Montageträger in der Automobilfertigung

Das FTS, dessen Inbetriebnahme bei diesem Projekt im Mittelpunkt stand, versorgt in der Automobilfertigung die „Hochzeit", d. h. die Montagestation, an der Antriebsstrang und Karosserie zusammengeführt werden. Die einzelnen Fahrzeuge dienen als mobile Montageträger und verfügen jeweils über zwei angetriebene Achsen. Jeder Achse ist eine Spurführungsantenne zugeordnet, welche die Achse entlang einer induktiven Leitleine führt. An verschiedenen Arbeitsstationen werden vormontierte Baugruppen aufgelegt und von Werkern verschraubt bzw. für die Hochzeit vorbereitet. Der Streckenverlauf des FTS besteht aus einem Rundkurs, der die Arbeitsstationen und schließlich die Montagestation durchläuft. Für Arbeiten an den Fahrzeugen selbst steht eine kurze Wartungsstrecke zur Verfügung, die parallel zur Hauptstrecke verläuft.

Für die virtuelle Inbetriebnahme der Anlage wurde das in Abschnitt 4.2.4 gezeigte Standard-3D-Modell eines FTF skaliert, so dass seine äußeren Abmessungen mit denen des realen Fahrzeugs übereinstimmen. Basierend auf den im CAD-Layout gegebenen Positionen der RFID-Transponder wurden die Sensormarken entlang der Strecke erstellt. Zur Parametrierung der Haltepositionen wurden in der 3D-Visualisierung Fahrzeuge entsprechend dem auf der Bodenfläche eingeblendeten Anlagenlayout positioniert. Über die aktuell angezeigten Zustandsdaten der Fahrzeuge konnten die zu setzenden Parameterwerte bestimmt werden. Nach der Parametrierung war es möglich, die gesamte Förderanlage mit dem HIL-Simulationssystem im automatischen Rundlauf zu betreiben. Da die Programmierung und Anbindung der übergeordneten SPS-Systeme jedoch erst vor Ort erfolgten, wurden diese im Simulationssystem nicht verwendet. Zusammenfassend ergeben sich die Projektdaten nach Tabelle 5.4.

Tabelle 5.4.: Projektdaten des FTS zum Einsatz als Montageträger in der Automobilfertigung.

Anlagentyp	Fahrerloses Transportsystem
Anlagenfunktion	mobile Montageträger
Streckenlänge	ca. 220 m
Hauptfokus der VIBN	Inbetriebnahmeunterstützung
Simulierte Feldgeräte	12 Fahrzeuge
Verw. virtuelle Sensoren	Transponderlesegeräte, Resolver, Spurführungsantennen
Endzustand nach VIBN	Rundlauf im Automatik-Modus, ohne SPS
Anzahl gesetzter Parameter	ca. 930
Besonderheiten	–

5.2.4. Elektrohängebahn für den Transport palettierter Ware

Ein weiteres Projekt, bei dem das neu entwickelte Simulationssystem eingesetzt wurde, war im Bereich Lagerlogistik angesiedelt. Die in Betrieb zu nehmende EHB-Anlage übernimmt dabei den Transport von palettierter Ware auf einem Rundkurs zwischen einem Lager- und Produktionsbereich. Im

Produktionsbereich erfolgt über vier Rollenbahnen die Beladung der EHB-Fahrzeuge sowie die Entnahme von Leerpaletten, welche die EHB vom Lagerbereich anliefert. In der ca. 230m entfernten Lagervorzone werden die Fahrzeuge über drei Rollenbahnen entladen und nehmen ggf. Leerpaletten für den Produktionsbereich auf. Die Bereiche um die einzelnen Haltepositionen an den Rollenbahnen werden von einer übergeordneten SPS gesteuert. An zwei Weichen entlang der Fahrstrecke ist zudem das Ausschleusen von Fahrzeugen für Wartungszwecke möglich.

Im Rahmen der im Vorfeld durchgeführten virtuellen Inbetriebnahme wurde die gesamte Förderanlage parametriert. Als 3D-Modell der Fahrzeuge konnte das EHB-Standardmodell verwendet werden, nachdem das Gehänge an die Abmessungen der für das Projekt verwendeten Lastaufnahmemittel angepasst wurde (Abbildung 5.7). In diesem Projekt wurde erstmals eine SPS an das

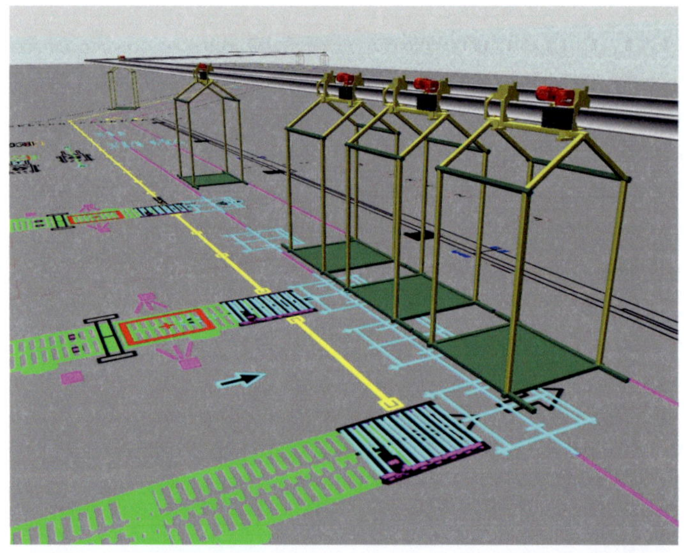

Abbildung 5.7.: 3D-Visualisierung der Lagervorzone der EHB-Anlage für den Transport palettierter Ware. Auf der Bodenfläche sind die im CAD-Layout vorgegebenen Übergabestationen an die Rollenbahnen zu sehen.

HIL-Simulationssystem angebunden. Über die parametrierte Softwareschnittstelle steuerte die SPS die Streckenbereiche, an denen eine Übergabe mit den zu- oder abführenden Rollenbahnen stattfindet. Der restliche Anlagenbereich konnte im Automatikmodus betrieben werden, in dem der Segmentcontroller als zentrale Steuereinheit fungierte. Die Daten dieses Projektes sind in Tabelle 5.5 zusammengefasst.

Tabelle 5.5.: Projektdaten der EHB-Anlage zum Transport von Palettenware.

Anlagentyp	Elektrohängebahn
Anlagenfunktion	Transport von Palettenware
Streckenlänge	ca. 470 m
Hauptfokus der VIBN	Inbetriebnahmeunterstützung
Simulierte Feldgeräte	14 Fahrzeuge, 2 Weichen
Verw. virtuelle Sensoren	Barcodelesegeräte, Näherungsschalter
Endzustand nach VIBN	Rundlauf im Automatik-Modus
Anzahl gesetzter Parameter	ca. 680
Besonderheiten	Anbindung einer SPS an das Simulationssystem

5.3. Ergebnisse aus der Anwendung des neuen Systems

Das im Rahmen der vorliegenden Arbeit entwickelte Simulationssystem konnte in den dargestellten Projekten erfolgreich eingesetzt werden. Projektübergreifend können folgende Ergebnisse festgehalten werden:

- Durch das realisierte Konzept, das die virtuelle Inbetriebnahme in einen produktbegleitenden Kontext stellt, stand sehr schnell eine Simulationsumgebung für die virtuelle Inbetriebnahme der einzelnen Förderanlagen zur Verfügung. Die komplette Modellbildung und der Aufbau eines HIL-Simulationssystems waren in der Regel bereits nach einem Arbeitstag abgeschlossen. Eine umfassendere Automatisierung der Prozesse bietet das Potenzial, die erforderlichen Arbeitsschritte weiter zu beschleunigen.

- Mit Hilfe des Simulationssystems war es möglich, die Anlagen entsprechend den Projektanforderungen für den realen Betrieb zu parametrieren. Für den Anwender diente dabei die 3D-Visualisierung als vereinfachtes, aber realitätsnahes Abbild des aktuellen physikalischen Anlagenzustandes. Für die Darstellung des Anlagenzustandes aus steuerungstechnischer Sicht konnten die bereits vorhandenen Diagnosemöglichkeiten ohne Mehraufwand genutzt werden. Durch den Parametersatz wurde ein fehlerfreier Rundlauf der simulierten Förderanlagen im automatischen Steuermodus erreicht. Für die zentrale Steuereinheit war dabei nicht erkennbar, dass anstelle einer realen Anlage eine simulierte Förderanlage angeschlossen war. Es wurde darüber hinaus nachgewiesen, dass mit dem Simulationssystem bereits im Rahmen der virtuellen Inbetriebnahme die Anbindung externer Steuerungen erfolgen kann.

- Das bereits bestehende Parameter- und Diagnoseprogramm wurde auch im Rahmen der virtuellen Inbetriebnahme als zentrales Softwarewerkzeug eingesetzt. Bei Verwendung des Programmes ist für den Anwender in weiten Teilen nicht erkennbar, dass lediglich eine simulierte Förderanlage betrachtet wird. In Abbildung 5.8 ist die Benutzeroberfläche des Parameter- und Diagnoseprogramms während eines simulierten Anlagenlaufs dargestellt. Die Feldgeräte melden im linken Fensterbereich ihren fehlerfreien Betrieb. Rechts ist der Diagnosebereich für ein einzelnes EHB-Fahrzeug zu sehen, in dem wie bei einer realen Anlage aktuelle Statusdaten angezeigt werden. Unterschiede zu einer realen Anlage ergeben sich nur aufgrund einiger nicht zur Verfügung stehender Funktionen, wie beispielsweise durch die nicht voll unterstützten Parameter- und Diagnosefunktionen der abstrahiert modellierten Sensoren und Aktoren der Feldgeräte.

- Das Simulationssystem wurde aufgrund des prototypischen Stadiums bisher nur von Mitarbeitern des Systemanbieters der Förderanlagen genutzt. Diese konnten das System jedoch ohne Spezialkenntnisse der Modellbildung und Simulation anwenden. Besondere Kenntnisse erforderte

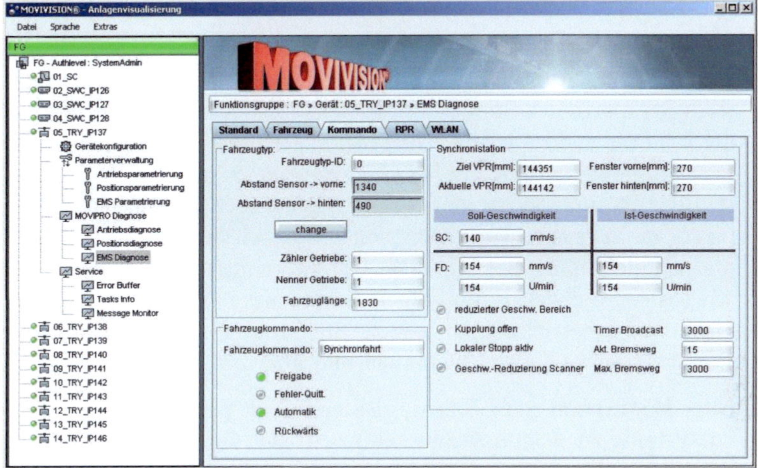

Abbildung 5.8.: Benutzeroberfläche des Parameter- und Diagnoseprogrammes während eines simulierten Anlagenlaufs. Sämtliche Geräte
melden ihren fehlerfreien Betrieb in der linken Baum-Ansicht. Rechts
werden Zustandsdaten eines einzelnen Fahrzeugs angezeigt.

die Erstellung der 3D-Modelle für die jeweiligen Transportfahrzeuge.
Erfüllen die 3D-Modelle die festgelegten Modellvorgaben, so können sie
direkt im Simulationssystem verwendet werden. Der Aufbau oder die
Anpassung vorhandener 3D-Modelle entsprechend den Modellvorgaben
obliegt jedoch dem Anwender.

- Änderungen an der System- und Gerätesoftware der Förderanlage konnten sehr schnell in das Simulationssystem einfließen, da die Softwarekomponenten größtenteils unverändert auch im Simulationssystem eingesetzt werden. Die zusätzlich genutzte Kommunikationsschnittstelle
der Gerätesoftware, über die der Datenaustausch mit der Anlagensimulation erfolgt, erwies sich als stabil, so dass beim Einsatz des Systems
in den einzelnen Projekten keine Anpassung notwendig war.

- Die Parametersätze, die im Rahmen der virtuellen Inbetriebnahmen
bestimmt wurden, konnten nicht unverändert für die realen Anlagen
verwendet werden. Ein Grund hierfür sind montagebedingt auftreten-

de Abweichungen zwischen dem Planungslayout, welches als Datenbasis für die Simulation genutzt wird, und dem realen Anlagenaufbau. Außerdem ist die Abbildungsgenauigkeit des Simulationsmodells begrenzt, wodurch die in der Simulation verwendeten Sensormarken nicht exakt die Realität widerspiegeln. Als Folge liefern die realen und simulierten Positionsgeber entlang der Strecke nicht die identischen Positionswerte, und der Parametersatz muss entsprechend korrigiert werden. Die Korrektur umfasst eine Anpassung von Haltepositionen und ggf. von Start- und Endpositionen der logischen Unterabschnitte des Streckenverlaufs. Abgesehen von den notwendigen Korrekturen konnte im Rahmen der virtuellen Inbetriebnahme jedoch ein Großteil der durchzuführenden Parametrierung vorweggenommen und überprüft werden.

- Eine Möglichkeit zum Einsatz des erstellten prototypischen Simulationssystems zu Schulungszwecken ergab sich im Verlauf dieser Arbeit noch nicht. Parallel zum geschilderten Projekteinsatz wurde das Simulationssystem jedoch bereits mehrfach für Kundenpräsentationen in der Akquisitionsphase genutzt. Die subjektive Bewertung durch den Kunden fiel dabei durchweg positiv aus. Insbesondere das mit den Förderanlagen verbundene Systemkonzept konnte durch die Vorführung einer betriebsbereiten virtuellen Förderanlage und den Einsatz der realen Steuereinheit anschaulich und glaubhaft vermittelt werden.

6. Zusammenfassung

Die Inbetriebnahme von komplexen Förderanlagen stellt große Anforderungen an die beteiligten Projektpartner. Als Auslöser von technischen Problemen fällt der Steuerungstechnik eine besondere Bedeutung während der Inbetriebnahme zu [28, 66, 141]. Bei komplexen Förderanlagen kann zumeist erst nach abgeschlossener Montage ein realitätsnaher Test der verwendeten Steuerungssoftware erfolgen. Eine Methode zur digitalen Absicherung der realen Inbetriebnahme ist die virtuelle Inbetriebnahme (VIBN). Sie ermöglicht die Vorwegnahme der steuerungstechnischen Inbetriebnahme an einem virtuellen Modell der Anlage [171]. Die virtuelle Inbetriebnahme ist das Bindeglied, welches die im Rahmen der digitalen Fabrik durchgeführte Fabrikplanung frühzeitig mit dem realen Betrieb vernetzt.

Die virtuelle Inbetriebnahme von komplexen Förderanlagen auf der System- und Feldebene wurde bisher wenig betrachtet. Die aus der Literatur bekannten Anwendungen zeichnen sich zudem durch einen stark projektbezogenen Einsatz der Methode aus. Die Bedienung der zur virtuellen Inbetriebnahme genutzten Softwarewerkzeuge erfordert Spezialkenntnisse, die außerhalb der Wissensdomäne der realen Inbetriebnahme liegen.

Diese Arbeit schlägt erstmals die Betrachtung der virtuellen Inbetriebnahme von komplexen Förderanlagen in einem produktbegleitenden Kontext vor. Das Produkt und das Werkzeug zu dessen virtueller Inbetriebnahme bilden darin ein aufeinander abgestimmtes Leistungspaket.

Die Arbeit umfasst folgende inhaltlichen Schwerpunkte:

- Übersicht über den derzeitigen Entwicklungsstand der virtuellen Inbetriebnahme im Übergangsbereich zwischen digitaler und realer Fabrik (Kapitel 1).

- Analyse der betrachteten komplexen Förderanlagen Elektrohängebahn (EHB) und fahrerloses Transportsystem (FTS), die den Hauptgegenstand der virtuellen Inbetriebnahme darstellen (Kapitel 2).

- Konzeption eines neuen Systems zur produktbegleitenden virtuellen Inbetriebnahme der komplexen Förderanlagen (Kapitel 3).

- Umsetzung des entwickelten Konzeptes in Form eines neuen prototypischen Simulationssystems (Kapitel 4).

- Schilderung der Anwendung des realisierten Simulationssystems in der Praxis (Kapitel 5).

Die wichtigsten Ergebnisse der Arbeit sind:

1. Entwicklung eines neuen Konzeptes zur produktbegleitenden virtuellen Inbetriebnahme komplexer Förderanlagen am Beispiel von Elektrohängebahnen und fahrerlosen Transportsystemen. Das Konzept ist im Wesentlichen gekennzeichnet durch:

   - die klare Ausrichtung der VIBN-Werkzeuge an den in Betrieb zu nehmenden Förderanlagen,

   - die automatisierte Erstellung eines Simulationsmodells für eine Hardware-in-the-loop-Simulation, in deren Zentrum die unveränderte zentrale Steuereinheit der Förderanlagen steht,

   - die Verwendung der original Feldgerätesoftware zur Abbildung des Verhaltens der intelligenten Feldgeräte,

   - den Einsatz einer kinematikbasierten Simulation zur Generierung virtueller Sensordaten für die simulierten Feldgeräte.

2. Herleitung eines einheitlichen Kinematikmodells für ein- und zweiachsige EHB-Fahrzeuge und leitliniengeführte fahrerlose Transportfahrzeuge.

3. Entwicklung eines Verfahrens zur automatisierten Erstellung von Simulationsmodellen für die komplexen Förderanlagen aus der Datenbasis eines existierenden Parameter- und Diagnoseprogrammes.

4. Umsetzung des entwickelten Konzeptes in Form eines neuen anwendungsspezifischen Simulationssystems für die produktbegleitende virtuelle Inbetriebnahme komplexer Förderanlagen. Das prototypische Simulationssystem ermöglicht:

   - eine durchgängige virtuelle Inbetriebnahme durch die Integration in den bestehenden Systembaukasten der Förderanlagen,

   - eine schnelle Verfügbarkeit der virtuellen Inbetriebnahme für ein konkretes Anlagenprojekt durch eine automatisierte Modellerstellung,

   - die Durchführung einer virtuellen Inbetriebnahme ohne Expertenwissen im Bereich Modellbildung und Simulation, da die notwendigen Arbeitsschritte in der Wissensdomäne der realen Inbetriebnahme stattfinden.

5. Erstellung einer 3D-Visualisierung zur realitätsnahen Darstellung der jeweils simulierten Förderanlage und zur Interaktion mit der Anlage entsprechend real möglicher manueller Eingriffe.

6. Anwendung eines Verfahrens zur automatischen Zuordnung von Kinematikmodell und 3D-Modell der simulierten Transportfahrzeuge durch Verwendung von Modellvorgaben.

7. Validierung und Bestimmung der Leistungsgrenze des entwickelten Simulationssystems durch die Aufzeichnung von Messdaten während der Simulation einer fiktiven Förderanlage und Anwendung geeigneter Bewertungskriterien.

8. Nachweis der Anwendbarkeit des neuen Simulationssystems durch den erfolgreichen Einsatz in verschiedenen realen Projekten des Anlagenbaus im Bereich Produktion und Logistik.

Das entwickelte und in Form eines prototypischen Simulationssystems realisierte Konzept ermöglicht eine produktbegleitende virtuelle Inbetriebnahme der komplexen Förderanlagen unter Verwendung einer kinematikbasierten Simulation. In weiteren Arbeiten können die Einsatzmöglichkeiten einer physikbasierten Simulation untersucht werden, um die Abbildungsgenauigkeit der Simulationsmodelle weiter zu erhöhen. Die Anwendbarkeit der physikbasierten Simulation im Kontext der virtuellen Inbetriebnahme wurde bereits an einfachen Beispielen aufgezeigt [169]. Die verwendeten Geometrie- und Kinematikmodelle müssen dazu um physikalische Eigenschaften ergänzt werden.

Weiterer Untersuchungsbedarf besteht auch hinsichtlich einer Anbindung der detaillierten Simulation der Förderanlagen an Simulationssysteme mit höherem Abstraktionsgrad. Über geeignete Kopplungsarchitekturen ist eine Synchronisation mit Materialflusssimulationen herzustellen, die mit anlagenübergreifenden Modellen arbeiten. Bei Bedarf kann dann die Materialflusssimulation unter Verwendung der Zustandsdaten der im Detail simulierten Förderanlage durchgeführt werden (vgl. [162, 171]).

A. Algorithmen

Der Programmcode des im Rahmen der vorliegenden Arbeit erstellten prototypischen Simulationssystems umfasst ca. 35000 Quellcode-Zeilen, so dass eine detaillierte Beschreibung des Programmcodes hier nicht möglich ist. Daher
werden im Folgenden lediglich die wichtigsten erstellten Algorithmen durch
die Angabe ihrer logischen Struktur näher beschrieben.

A.1. Verwendung einer CAD-Layoutzeichnung für das Gebäudemodell

Um die CAD-Layoutzeichnung einer Förderanlage als maßstabsgetreue Bodentextur des Gebäudemodells nutzen zu können, wird der in Abbildung A.1
schematisch dargestellte Algorithmus verwendet.

Die Layoutzeichnung ist als Bilddatei vorhanden, z. B. nach einem Export aus
einem CAD-Programm. Die realen Abmessungen der durch die Bilddatei dargestellten Bodenfläche werden aus einer zur Bilddatei gehörenden Layoutbe-
schreibung im XML-Format gelesen. Nach einer Plausibilitätsprüfung erfolgt
die Dimensionierung des Gebäudemodells (3D-Quader) entsprechend diesen
Abmessungen. Vor dem Einlesen der Bilddatei in den Arbeitsspeicher werden
die Eigenschaften der zur Verfügung stehenden Grafik-Hardware überprüft.
In der Regel ist es der Grafik-Hardware nicht möglich, die komplette Bilddatei
als Textur zu verwenden, wodurch eine kachelförmige Unterteilung notwendig
wird. Die Größe der einzelnen Kacheln der Bilddatei wird unter Berücksichtigung der maximal darstellbaren Texturgröße der Grafik-Hardware (z. B. 1024
x 1024 Pixel) bestimmt. Anschließend werden die Positionen der Eckpunkte der Kacheln im Weltkoordinatensystem der 3D-Umgebung berechnet. Die
im Arbeitsspeicher befindliche Bilddatei wird schließlich in einzelne Kacheln

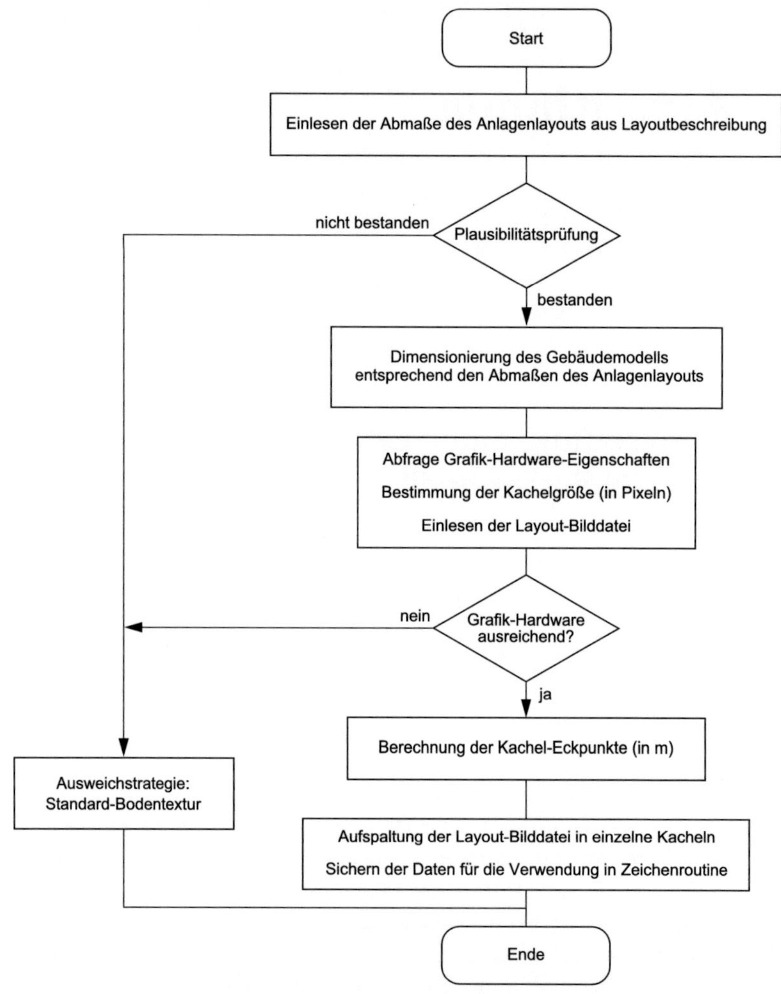

Abbildung A.1.: Algorithmus zur Verwendung einer CAD-Layoutzeichnung als Bodentextur.

aufgespalten und für die Verwendung in der Zeichenroutine des Gebäudemodells gesichert. Als Ausweichstrategie im Falle eines nicht bestandenen Plausibilitätstests oder einer unzureichenden Grafik-Hardware wird eine einfache Standard-Bodentextur verwendet. Abbildung A.2 zeigt das Gebäudemodell mit einer gekachelten Layoutzeichnung als Bodentextur. Die Grenzen der einzelnen Kacheln sind für die Abbildung hervorgehoben.

A.2. Berechnung der Positionsänderung eines zweiachsigen Fahrzeuges

Zur Berechnung der Positionsänderung eines zweiachsigen EHB- oder FTS-Fahrzeuges wird ein Algorithmus genutzt, der vereinfacht in Abbildung A.3 dargestellt ist.

Eingangswerte sind die gemessene Zeitdifferenz seit der letzten Positionsberechnung sowie die aktuelle Geschwindigkeit des Fahrzeuges, die von der zugehörigen Gerätesoftware-Instanz als Sollgeschwindigkeit empfangen wurde. Nach dem Sichern der Zustandsdaten für die aktuelle Position des Fahrzeuges

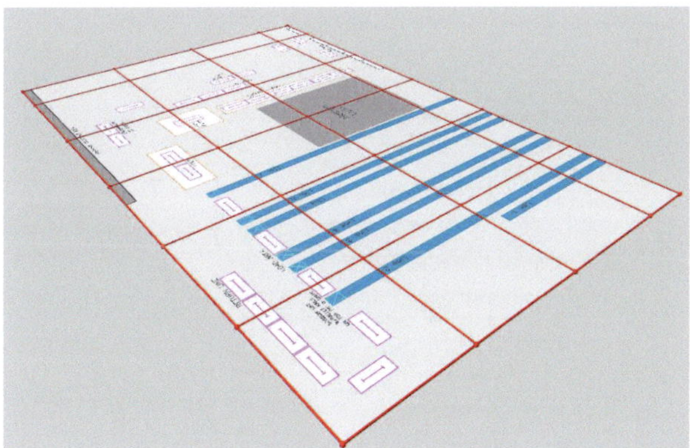

Abbildung A.2.: Gebäudemodell mit einer gekachelten Layoutzeichnung als Bodentextur. Die Grenzen der einzelnen Kacheln wurden hier hervorgehoben.

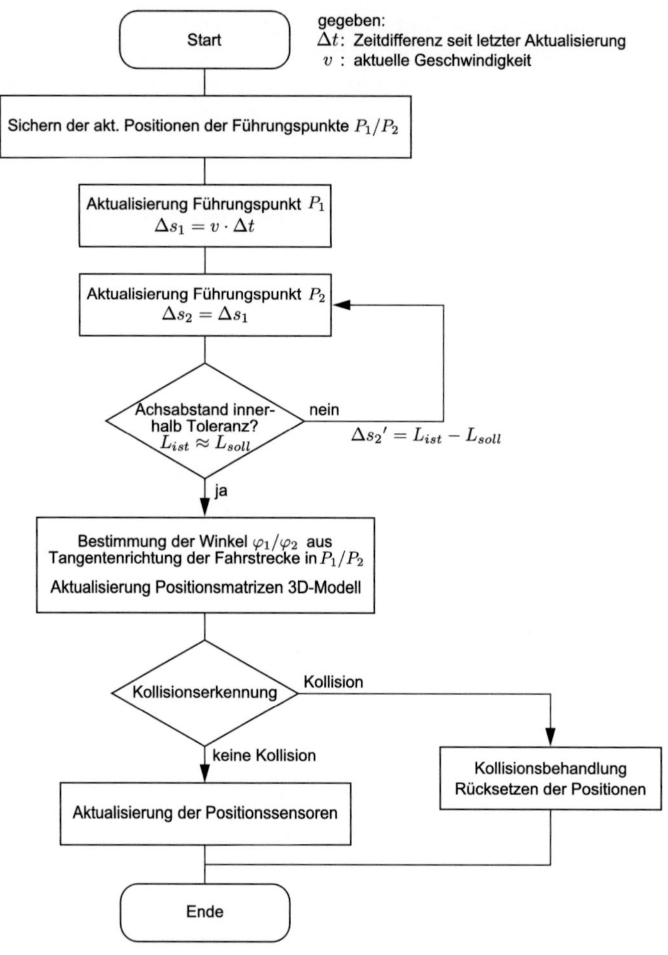

Abbildung A.3.: Algorithmus zur Berechnung der Positionsänderung eines zweiachsigen Fahrzeuges. Das zugehörige Kinematikmodell ist in Abbildung 4.7 auf Seite 96 dargestellt.

erfolgt die Berechnung des Positionsfortschrittes des ersten Führungspunktes entlang der Fahrstrecke. Die Position des zweiten Führungspunktes wird in einem iterativen Verfahren bestimmt, so dass der Abstand zwischen den beiden Führungspunkten innerhalb einer Toleranz mit dem aus dem Kinematikmodell gegebenen Achsabstand übereinstimmt. Aus den Positionen der Führungspunkte können die Matrizen für die Positionierung der einzelnen Frames der mit dem Fahrzeug verknüpften Frame-Hierarchie (vgl. Abbildung 4.12 auf Seite 107) abgeleitet werden. Diese werden nicht nur zur korrekten Darstellung der Objekte in der 3D-Visualisierung benötigt, sondern auch zur Durchführung der Kollisionserkennung mit anderen Fahrzeugen, die im nächsten Schritt folgt. Sofern keine Kollision vorliegt, werden die Positionssensoren, die an die Führungspunkte gebunden sind, aktualisiert. Sollte eine Kollision erkannt worden sein, so werden entsprechende Behandlungsroutinen aufgerufen, beispielsweise um dem Anwender die Kollision zu signalisieren.

A.3. Verknüpfung von 3D-Modell und Kinematikmodell

Um für die simulierten EHB- oder FTS-Fahrzeuge eine automatische Zuordnung von 3D-Modell und Kinematikmodell zu ermöglichen, wurde wie in Abschnitt 4.2.4 beschrieben ein hierarchischer Modellaufbau als Vorgabe gesetzt. Die Zuordnung selbst erfolgt durch einen einfachen Algorithmus, der in Abbildung A.4 dargestellt ist.

Aus der 3D-Modelldatei des jeweiligen EHB- oder FTS-Fahrzeuges, die in einem DirectX-spezifischen Format (.x-Datei) vorliegt, werden nacheinander alle Frames der Frame-Hierarchie eingelesen. Der Name des Frames, der bereits im 3D-Modellierwerkzeug entsprechend den Modellvorgaben vergeben wurde, wird mit fest definierten Schlüsselwörtern verglichen. Bei Übereinstimmung mit einem Schlüsselwort kann der Frame als Grundkörper des Kinematikmodells (Vorderachse, Koppelelement, Hinterachse) oder als Kollisionsvolumen markiert werden. Falls sowohl Frames für das Koppelelement und die Hinterachse erkannt wurden, wird für das Fahrzeug das Kinematikmodell für zweiachsige Fahrzeuge verwendet, andernfalls kommt das Modell für einachsige Fahrzeuge zum Einsatz.

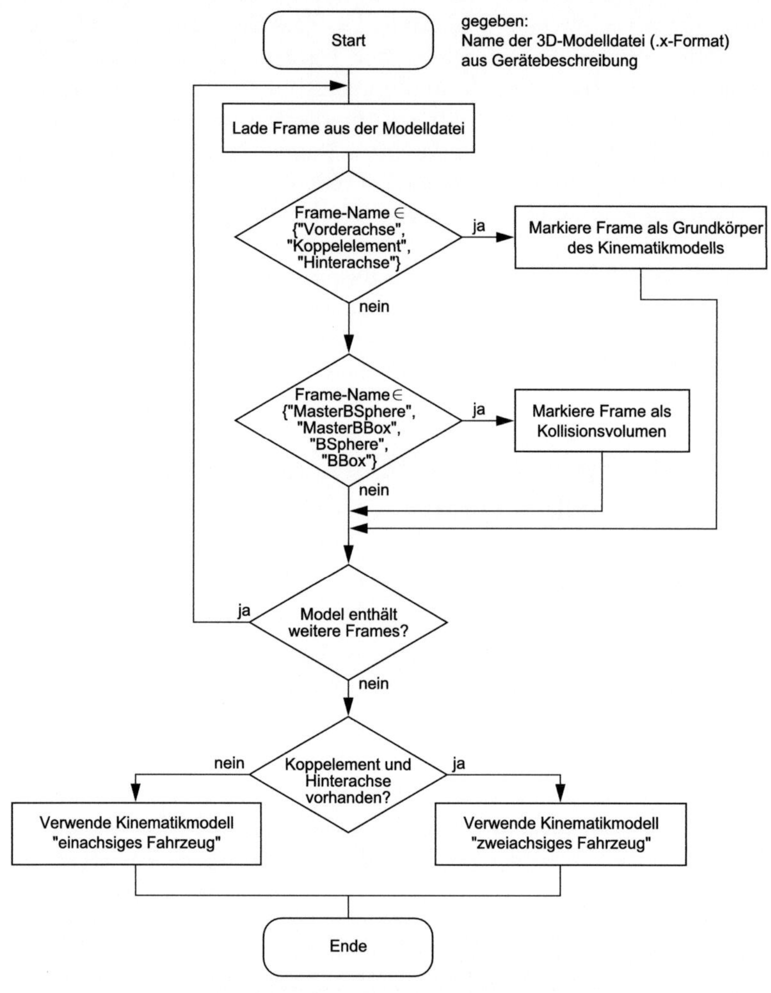

Abbildung A.4.: Algorithmus zur Verknüpfung von 3D-Modell und Kinematikmodell der simulierten EHB- oder FTS-Fahrzeuge.

Literaturverzeichnis

[1] ABELE, Eberhard ; BAUER, Jörg ; STELZER, Maximilian ; VON STRYK, Oskar: Wechselwirkungen von Fräsprozess und Maschinenstruktur am Beispiel des Industrieroboters. In: *wt Werkstattstechnik online* 98 (2008), Nr. 9, S. 733–737. – ISSN 1436–4980

[2] ALBRECHT, Thomas: Zentimetergenaue Ortung möglich. In: *Hebezeuge und Fördermittel* 47 (2007), Nr. 7/8, S. 391–393. – ISSN 0017–9442

[3] APETRI, Marius: *3D-Grafikprogrammierung*. Bonn : mitp, 2003. – 912 S. – ISBN 3–8266–0891–7

[4] APPEL, Frank: Die virtuelle Inbetriebnahme im Anlagenbau — ein Erfahrungsbericht. In: ZÄH, Michael (Hrsg.) ; REINHART, Gunther (Hrsg.): *Virtuelle Inbetriebnahme : Von der Kür zur Pflicht?* München : Utz, 2006 (Seminarberichte / iwb, Institut für Werkzeugmaschinen und Betriebswissenschaften ; Bd. 84). – ISBN 3–89675–084–4, S. 4–11 – 4–19

[5] ARNOLD, Dieter ; ISERMANN, Heinz ; KUHN, Axel ; TEMPELMEIER, Horst ; FURMANS, Kai (Hrsg.): *Handbuch Logistik*. Berlin : Springer, 2008. – 1137 S. – ISBN 978–3–540–72928–0

[6] BAGLIVO, Luca ; DE CECCO, Mariolino ; ANGRILLI, Francesco u. a.: An integrated hardware/software platform for both Simulation and Real-Time Autonomus Guided Vehicles Navigation. In: MERKURYEV, Yuri (Hrsg.) ; RICHARD, Zobel (Hrsg.) ; KERCKHOFFS, Eugène (Hrsg.): *Proceedings 19th European Conference on Modelling and Simulation*. Riga : Publ. House of Riga Technical Univ., 2005. – ISBN 1–84233–112–4, S. 227–232

[7] BANKS, Jerry ; CARSON, John S. ; NELSON, Barry L.: *Discrete event system simulation*. 2. ed. Upper Saddle River, NJ : Prentice-Hall, 1996. – ISBN 0–13–217449–9

[8] BAYER, Johann (Hrsg.) ; COLLISI, Thomas (Hrsg.) ; WENZEL, Sigrid

(Hrsg.): *Simulation in der Automobilproduktion*. Berlin : Springer, 2003. – 230 S. – ISBN 3–540–44192–1

[9] BEESTEN, Herbert: Fertige Programme für fiktive Maschinen. In: *IEE* 49 (2004), Nr. 11, S. 156–159. – ISSN 1434–2898

[10] BENDER, Michael ; BRILL, Manfred: *Computergrafik*. 2., überarb. Aufl. München : Hanser, 2006. – 508 S. – ISBN 3–446–40434–1

[11] BERGEN, Gino van d.: *Collision detection in interactive 3D environments*. San Francisco : Morgan Kaufmann, 2004. – 277 S. – ISBN 1–558–60801–X. – Zugl.: Eindhoven, Techn. Univ., Diss., 1999

[12] BERGER, Andreas: Virtuelle Inbetriebnahme an einem Bearbeitungszentrum. In: ZÄH, Michael F. (Hrsg.) ; REINHART, Gunther (Hrsg.): *Mechatronik : Trends in der interdisziplinären Entwicklung von Werkzeugmaschinen*. München : Utz, 2005 (Seminarberichte / iwb, Institut für Werkzeugmaschinen und Betriebswissenschaften ; Bd. 78). – ISBN 3–89675–078–X, S. 8–1 – 8–30

[13] BERGERT, Martin ; DIEDRICH, Christian: Durchgängige Verhaltensmodellierung von Betriebsmittel zur Erzeugung digitaler Simulationsmodelle von Fertigungssystemen. In: *atp – automatisierungstechnische Praxis* 50 (2008), Nr. 7, S. 61–66. – ISSN 0935–0187

[14] BERKEMER, Joachim: Simulation der Wechselwirkungen von Mechanik, Regelung und Prozess in hochdynamischen Werkzeugmaschinen. In: *Elektrisch-mechanische Antriebssysteme*. Düsseldorf : VDI-Verl., 2006 (VDI-Berichte 1963). – ISBN 3–18–091963–9, S. 325–342

[15] BICKENDORF, Jobst: Neue Anwendungsgebiete für Industrieroboter durch CAD-basierte Offline-Programmierung. In: *Robotik 2000*. Düsseldorf : VDI-Verl., 2000 (VDI-Berichte 1552). – ISBN 3–18–091552–8, S. 121–126

[16] BRAATZ, Arnulf ; FLAKE, Stephan ; MÜLLER, Wolfgang ; WESTKÄMPER, Engelbert: Prototyping einer Fahrzeugsteuerung in virtueller 3D-Umgebung. In: SCHULZE, T. (Hrsg.): *Simulation und Visualisierung 2000*. Erlangen : SCS, 2000. – ISBN 1–56555–126–5, S. 319–332

[17] BRACHT, Uwe: VDI 4499 Blatt 1 — Digitale Fabrik — Der grundsätzliche Leitfaden und ein Anwendungsbeispiel. In: *Modellbildung und Simulation in der Praxis*. Düsseldorf : VDI-Verl., 2007 (VDI-Berichte 1989). – ISBN 978–3–18–091989–3, S. 99–109

[18] BRACHT, Uwe ; MASURAT, Thomas: Neue Entwicklungsrichtungen der

Digitalen Fabrik. In: *Karlsruher Leittechnisches Kolloquium*. Stuttgart : Fraunhofer IRB-Verl., 2006. – ISBN 3–8167–7093–2, S. 79–93

[19] BRECHER, Christian ; WITT, Stephan: Ganzheitliche Simulation und Optimierung von Werkzeugmaschinen für die Hochleistungszerspanung. In: *Fachgespräch Zerspanen im modernen Produktionsprozess*. Dortmund : ISF, 2008. – ISBN 978–3–9808718–5–3, S. 33–45

[20] BREMER, Hartmut ; PFEIFFER, Friedrich: *Elastische Mehrkörpersysteme*. Stuttgart : Teubner, 1992. – 283 S. – ISBN 3–519–02374–1

[21] BROOS, Alexander ; SCHERMANN, Thorsten ; SCHMITZ, Ernst-Ulrich: Neue Prozessketten für die Simulation. In: *wt Werkstattstechnik online* 96 (2006), Nr. 1/2, S. 24–29. – ISSN 1436–4980

[22] BUSS, Samuel R.: *3-D Computer Graphics : A Mathematical Introduction with OpenGL*. Cambridge : Cambridge University Press, 2003. – 371 S. – ISBN 978–0–521–82103–2

[23] CHUNG, Christopher A.: *Simulation Modeling Handbook : a practical approach*. Boca Raton : CRC Press, c2004 (Industrial and manufacturing engineering series). – ca. 550 S. – ISBN 0–8493–1241–8

[24] CIUPEK, Markus: *Beitrag zur simulationsgestützten Planung von Demontagefabriken für Elektro- und Elektronikaltgeräte*. Berlin, TU Berlin, Institut für Werkzeugmaschinen und Fabrikbetrieb IWF, Diss., 2004

[25] DANGELMAIER, Wilhelm ; ANDERL, Reiner: Visionen einer datengetriebenen Fabrik. In: *Fördertechnik* 61 (1992), Nr. 9, S. 11–14. – ISSN 0259–6768

[26] DANIELSSON, Fredrik: A distributed system architecture for optimizing control logic in complex manufacturing systems. In: *Proceedings ISCA 1999*, 1999, S. 163–176

[27] DOMINKA, Sven ; BENDER, Klaus: Hybride Inbetriebnahme. In: *ZWF Zeitschrift für wirtschaftlichen Fabrikbetrieb* 102 (2007), Nr. 1/2, S. 25–31. – ISSN 0947–0085

[28] DOMINKA, Sven ; HEUSCHMANN, Christian: Prozessgutsimulation und Anlagenteilsimulation zur Verkürzung der Inbetriebnahme. In: *atp – automatisierungstechnische Praxis* 49 (2007), Nr. 3, S. 55–60. – ISSN 0340–4730

[29] DOSTÁLEK, Libor ; KABELOVÁ, Alena: *Understanding TCP/IP : A clear and comprehensive guide to TCP/IP protocols*. Birmingham :

Packt Publ., 2006. – 462 S. – ISBN 978-1-904811-71-8

[30] DOWIDAT, Anja ; ZEEB, Hartmut: Moderne Zeiten : Opel verwirklicht digitale Fabrik. In: *it Industrielle Informationstechnik* (2002), Nr. 8/9, S. 20-22. – ISSN 1438-8537

[31] EBERLY, David H.: *3D game engine design : a practical approach to real-time computer graphics*. 2. Aufl. San Francisco : Morgan Kaufmann, 2007. – 1018 S. – ISBN 978-0-12-229063-3

[32] EHRENSTRASSER, Michael: Virtuelle Inbetriebnahme — Schlüsseltechnologie für die mechatronische Betriebsmittelkonstruktion. In: ZÄH, Michael (Hrsg.) ; REINHART, Gunther (Hrsg.): *Virtuelle Inbetriebnahme : Von der Kür zur Pflicht?* München : Utz, 2006 (Seminarberichte / iwb, Institut für Werkzeugmaschinen und Betriebswissenschaften ; Bd. 84). – ISBN 3-89675-084-4, S. 6-1 – 6-21

[33] EHRLENSPIEL, Klaus: *Integrierte Produktentwicklung*. 3., aktualisierte Aufl. München : Hanser, 2007. – ISBN 3-446-40733-2, 978-3-446-40733-6

[34] ERICSON, Christer: *Real-Time Collision Detection*. San Francisco : Morgan Kaufmann, 2005. – 593 S. – ISBN 978-1-55860-732-3

[35] EVERSHEIM, Walter: Die Inbetriebnahme komplexer Produkte in der Einzel- und Kleinserienfertigung. In: *Inbetriebnahme komplexer Maschinen und Anlagen*. Düsseldorf : VDI-Verl., 1990 (VDI-Berichte 831). – ISBN 3-18-090831-9, S. 1-26

[36] FELDMANN, Klaus ; HEITMANN, Knut ; HIRSCHBERG, Arnd u. a. ; REINHART, Gunther (Hrsg.): *Simulation — Schlüsseltechnologie der Zukunft?* München : Utz, Wiss., 1997. – ISBN 3-89675-034-8

[37] FELDMANN, Klaus (Hrsg.) ; REINHART, Gunther (Hrsg.): *Simulationsbasierte Planungssysteme für Organisation und Produktion*. Berlin : Springer, 2000. – 312 S. – ISBN 3-540-65882-3

[38] FOLLERT, Guido ; TRAUTMANN, Andreas: Emulation intralogistischer Systeme. In: WENZEL, Sigrid (Hrsg.) ; Gesellschaft für Informatik / Fachausschuss Simulation, ASIM (Veranst.): *Simulation in Produktion und Logistik 2006 : Tagungsband zur 12. Fachtagung*. Erlangen : SCS Publ. House, 2006. – ISBN 3-936150-48-6, S. 521-530

[39] GARCÍA DE JALÓN, Javier ; BAYO, Eduardo: *Kinematic and Dynamic Simulation of Multibody Systems : The Real-Time Challenge*. New York : Springer, 1994 (Mechanical engineering series). – 440 S. – ISBN 0-

387–94096–0

[40] GLATZ, Eduard: *Betriebssysteme : Grundlagen, Konzepte, Systemprogrammierung.* Heidelberg : dpunkt, 2006. – 722 S. – ISBN 3–89864–355–7

[41] GLOVER, Fred ; KELLY, James P. ; LAGUNA, Manuel: New Advances for Wedding Optimization and Simulation. In: FARRINGTON, Phillip. A. (Hrsg.) u. a.: *Proceedings of the 1999 Winter Simulation Conference.* New York : ACM, 1999. – ISBN 0–7803–5780–9, S. 255–260

[42] GRAF, Christoph ; RUDOLPH, Matthias: *Dynamische Erstellung von Volumenkörpern in einer DirectX-Anwendung.* Hochschule Pforzheim, 2007. – 38 S. – Projektarbeit im Fach Informationstechnologie 4/5/6 in Zusammenarbeit mit SEW Eurodrive, Betreuer: KÖVARI, Lars ; MAZURA, Andreas

[43] GRAUPNER, Tom-David ; BIERSCHENK, Sabine: Erfolgsfaktoren bei der Einführung der Digitalen Fabrik. In: *Industrie Management* 21 (2005), Nr. 2, S. 59–62. – ISSN 1434–1980

[44] GROSSMANN, Knut ; HARDTMANN, André ; WIEMER, Hajo: Simulation des Blechumformprozesses. In: *ZWF Zeitschrift für wirtschaftlichen Fabrikbetrieb* 101 (2006), Nr. 10, S. 600–605. – ISSN 0947–0085

[45] GROSSMANN, Knut ; LÖSER, Michael ; MÜHL, Andreas ; GRISMAJER, Martin: Modellierung eines Spindel-Werkzeug-Systems. In: *ZWF Zeitschrift für wirtschaftlichen Fabrikbetrieb* 103 (2008), Nr. 1/2, S. 53–58. – ISSN 0947–0085

[46] GROSSMANN, Knut ; RUDOLPH, Holger ; BRECHER, Christian ; HOFFMANN, Frank: Simulationstechnologien für virtuelle Werkzeugmaschinen. In: *ZWF Zeitschrift für wirtschaftlichen Fabrikbetrieb* 102 (2007), Nr. 10, S. 614–619. – ISSN 0947–0085

[47] GÜTTEL, Knut ; FAY, Alexander: Beschreibung von fertigungstechnischen Anlagen mittels CAEX. In: *atp – automatisierungstechnische Praxis* 50 (2008), Nr. 5, S. 34–39. – ISSN 0340–4730

[48] GUTENSCHWAGER, Kai ; KEMPER, Jörg: Neue Potenziale der Logistiksimulation. In: *A&D Kompendium 2003.* München : publish industry, 2003. – ISBN 3–934698–09–3, S. 56–58

[49] HAHN, Hubert: *Rigid Body Dynamics of Mechanisms : 1 Theoretical Basis.* 1. Berlin : Springer, 2002. – 350 S. – ISBN 3–540–42373–7

[50] HARSCH, Frank: Offenes Automatisierungskonzept für Elektrohänge-bahnen. In: *Elektrisch-mechanische Antriebssysteme : Innovationen, Trends, Mechatronik.* Berlin : VDE, 2004. – ISBN 3–8007–2852–4, S. 605–617

[51] HEEL, Jochen (Hrsg.) ; KRÜGER, Jan (Hrsg.): *Personalorientierte Simulation — Praxis und Entwicklungspotential.* Bd. *19.* Aachen : Shaker, 1999 (ifab Forschungsberichte aus dem Institut für Arbeitswissenschaft und Betriebsorganisation der Universität Karlsruhe). – ISBN 3–8265–6169–4

[52] HIESLMAIR, Roland: Moderne Transportlogistik im Klinikum Köln mit FTS. In: WITT, Gerd (Hrsg.) u. a.: *Die Vielfalt der Transportlösungen : mit fahrerlosen Transportsystemen ganz sicher prozesssicher ; Tagungsband / 5. Duisburger FTS-Fachtagung.* Duisburg : FTL, 2000. – ISBN 3–930153–44–0, S. 99–114

[53] HILBINGER, Michael: Simulation - warum, wie und wann? In: *Gießerei-Erfahrungsaustausch* 50 (2007), Nr. 1/2, S. 42–44, 47. – ISSN 0016–9773

[54] HOFF, Axel ; VOGELSANG, Holger ; BRINKSCHULTE, Uwe ; HAMMER-SCHMIDT, Oliver: Simulation and visualization of automated guided vehicle systems in a real production environment. In: HAHN, Winfried (Hrsg.) ; LEHMANN, Axel (Hrsg.): *Simulation in industry : Proceedings of the 9th European Simulation Symposium ; ESS '97.* Ghent : SCS, 1997. – ISBN 1–56555–125–7

[55] HOFFMANN, Frank ; BRECHER, Christian: Simulation dynamischer Bahnabweichungen von Werkzeugmaschinen. In: *Elektrisch-mechanische Antriebssysteme.* Düsseldorf : VDI-Verl., 2006 (VDI-Berichte 1963). – ISBN 3–18–091963–9, S. 301–314

[56] HOFFMANN, Klaus ; KRENN, Erhard ; STANKER, Gerhard: *Fördertechnik.* Bd. 1: *Bauelemente, ihre Konstruktion und Berechnung.* 4. Aufl. Wien : Oldenbourg, 1993. – 246 S. – ISBN 3–7029–0362–3, 3–486–22636–3

[57] HOLLENBERG, Frank ; VIETZE, Lutz: Offline-Programmierung von Schweißrobotern : Kenntnisse einer Roboterprogrammiersprache sind für den Anwender nicht mehr nötig. In: *Intelligente Steuerung und Regelung von Robotern.* Düsseldorf : VDI-Verl., 1993 (VDI-Berichte 1094). – ISBN 3–18–091094–1, S. 87–96

[58] HUSEN, Christian v.: *Anforderungsanalyse für produktbegleitende*

Dienstleistungen. Heimsheim : Jost-Jetter, 2007 (IPA-IAO-Forschung und Praxis 458). – 187 S. – ISBN 1-558-60801-X. – Zugl.: Stuttgart, Univ., Diss., 2007

[59] HUSTY, Manfred ; KARGER, Adolf u. a.: *Kinematik und Robotik.* Berlin : Springer, 1997. – ISBN 3-540-63181-X

[60] JENG, Muder ; XIE, Xiaolan: Discrete event system techniques for CIM: guest editorial. In: *Int. J. Computer Integrated Manufacturing* 18 (2005), Nr. 2-3, S. 97-99. – ISSN 0951-192x

[61] JOHNSTONE, Michael ; CREIGHTON, Doug ; NAHAVANDI, Saeid: Enabling Industrial Scale Simulation/Emulation models. In: HENDERSON, S. G. (Hrsg.) u. a.: *Proceedings of the 2007 Winter Simulation Conference.* New York : IEEE Service Center,, 2007. – ISBN 978-1-424-41305-8, S. 1028-1034

[62] KAUFMANN, Michael: *Informationsverarbeitung in mechatronischen Systemen.* Karlsruher Institut für Technologie (KIT), Institut für Angewandte Informatik, 2009. – Habilitationsschrift (eingereicht)

[63] KEIJZER, Wilhelm ; KREIMEYER, Matthias u. a.: *Vernetzungsstrukturen in der Digitalen Fabrik : Status, Trends und Empfehlungen.* 1. Aufl. München : Dr. Hut, 2006. – 70 S. – ISBN 3-89963-378-4, 978-3-89963-378-8

[64] KELTON, W. David ; SADOWSKI, Randall P. ; STURROCK, David T.: *Simulation with Arena.* 3., intern. Aufl. Boston, Mass. : McGraw-Hill, 2004. – 668 S. – ISBN 0-07-121933-1

[65] KÜHN, Helmut ; WECHLIN, Mathias: Induktiv gelöst. In: *F+H Fördern und Heben* 57 (2007), Nr. 5, S. 234-235. – ISSN 0341-2636

[66] KIEFER, Jens ; BLEY, Helmut (Hrsg.) ; WEBER, Christian (Hrsg.): *Mechatronikorientierte Planung automatisierter Fertigungszellen im Bereich Karosserierohbau.* Saarbrücken : Univ. des Saarlandes, Lehrstuhl für Fertigungstechnik, 2007 (Schriftenreihe Produktionstechnik Nr. 43). – 178 S. – ISBN 978-3-930429-72-1. – Zugl.: Saarbrücken, Univ., Diss., 2007

[67] KIEFER, Jens ; BERGHOLZ, Wencke: Virtuelle Inbetriebnahme — Hürden und Wege in die operative Praxis. In: ZÄH, Michael (Hrsg.) ; REINHART, Gunther (Hrsg.): *Virtuelle Inbetriebnahme : Von der Kür zur Pflicht?* München : Utz, 2006 (Seminarberichte / iwb, Institut für Werkzeugmaschinen und Betriebswissenschaften ; Bd. 84). – ISBN 3-

89675–084–4, S. 2–1 – 2–20

[68] KOSTURIAK, Ján ; GREGOR, Milan: *Simulation von Produktionssystemen.* Springer, 1995. – ISBN 3–211–82701–3

[69] KREUTZFELD, Hans-Friedrich ; ODWODY, Hans-Georg: Rechnergestützte Fabrikplanung auf Basis einer durchgängigen Abbildung der gesamten Planungskette. In: *Deutscher Logistik-Kongreß '89 : Fundament der Zukunft — Logistik* Bd. 2 Bundesvereinigung Logistik e.V., huss, 1989, S. 770–798

[70] KUBITZ, Dietmar ; POTTHAST, August: Aufbau und Steuerung von virtuellen Werkzeugmaschinen. In: *ZWF Zeitschrift für wirtschaftlichen Fabrikbetrieb* 100 (2005), Nr. 10, S. 609–613. – ISSN 0947–0085

[71] KÜHN, Wolfgang: *Digitale Fabrik.* München : Hanser, 2006. – ISBN 3–446–40619–0, 978–3–446–40619–3

[72] KÖVARI, Lars: Systemintegration und Virtuelle Inbetriebnahme. In: *Logistikwelt* 16 (2009), Nr. 5, S. 38–40. – ISSN 1436–8331

[73] KÖVARI, Lars: Von virtuell zu real. In: *IEE* 56 (2010), Nr. 2, S. 26–28. – ISSN 1434–2898

[74] LANGE, Edgar: Virtuelle Feuertaufe. In: *Wirtschaftswoche* (2007), 16. April, Nr. 16, S. 106. – ISSN 0042–8582

[75] LAUBENSTEIN, Udo ; SCHÖPFER, Claus: Mobiles Transportsystem verteilt Intelligenz. In: *Technische Rundschau* (2007), Nr. 9, S. 40–41. – ISSN 1023–0823

[76] LAW, Averill M. ; KELTON, W. David: *Simulation modeling and analysis.* 3. ed., internat. ed. Boston : McGraw-Hill, 2000. – ISBN 0–07–116537–1, 0–07–059292–6

[77] LÜDER, Arndt ; PESCHKE, Jörn ; HUNDT, Lorenz: Neues Datenaustauschformat deckt alle Phasen des Engineering-Prozesses ab. In: *etz Elektrotechnik und Automation* 129 (2008), Nr. 5, S. 38–41. – ISSN 0948–7387

[78] LEONHARDT, Jörg: Die neue Generation der EMS (Electrical Monorail System). In: *Intralogistik bewegt - mehr Effizienz, mehr Produktivität : Tagung München, 29. und 30. März 2007 / 16. Deutscher Materialfluss-Kongress.* Düsseldorf : VDI-Verl., 2007 (VDI-Berichte 1978). – ISBN 978–3–18–091978–2, S. 81–87

[79] LINDE, Marcus ; SCHMID, Simone: Simulationswerkzeuge in Produktion

und Logistik. In: *PPS Management* 12 (2007), Nr. 2, S. 48–55. – ISSN 1434–2308

[80] LOHSE, Wolfram ; VITR, Mirco ; HERFS, Werner: Virtuelle Produktionssysteme. In: *ZWF Zeitschrift für wirtschaftlichen Fabrikbetrieb* 102 (2007), Nr. 10, S. 640–644. – ISSN 0947–0085

[81] MANGER, Reiner ; HAMMERMEISTER, Thomas: Der Zeit voraus: Virtuelle Inbetriebnahme im Automobilbau. In: *SPS Magazin* 18 (2005), Nr. xxHeft automotive 2005, S. 20–22. – ISSN 0935–0187

[82] MAYER, Gottfried ; BURGES, Ulrich: Virtuelle Inbetriebnahme von Produktionssteuerungssystemen in der Automobilindustrie mittels Emulation. In: WENZEL, Sigrid (Hrsg.) ; Gesellschaft für Informatik / Fachausschuss Simulation, ASIM (Veranst.): *Simulation in Produktion und Logistik 2006 : Tagungsband zur 12. Fachtagung.* Erlangen : SCS Publ. House, 2006. – ISBN 3–936150–48–6, S. 541–550

[83] MAYR, Herwig: *Virtual Automation Environments.* New York : Marcel Dekker, 2002. – ISBN 0–8247–0736–2

[84] McGREGOR, Ian: The relationship between simulation and emulation. In: YÜCESAN, E. (Hrsg.) u. a.: *Proceedings of the 2002 Winter Simulation Conference.* New York : ACM, 2002. – ISBN 0–7803–7614–5, S. 1686–1688

[85] MEWES, Jürgen: Virtuelle Inbetriebnahme mit realen Automatisierungssystemen und virtuellen Maschinen. In: *Deutsch-Niederländische Automatisierungstage 2005.* Emden : FH Oldenburg, 2005. – ISBN 3–00–015224–5, S. 52–56

[86] MILLER, Tom: *Managed DirectX 9 : graphics and game programming.* Indianapolis, Ind. : Sams, 2004. – 411 S. – ISBN 0–672–32596–9

[87] MILLER, Tom: *Beginning 3D Game Programming.* Indianapolis, Ind. : Sams, 2005. – 418 S. – ISBN 0–672–32596–9

[88] MOTUS, Daniel: Referenzmodell für die Montageplanung. In: *Virtuelle Produkt- und Prozessentwicklung: 7. Magdeburger Maschinenbau-Tage* Bd. 7. Berlin : Logos, 2005. – ISBN 3–929757–83–4, S. 177–182

[89] N.N.: Abschied von der Schleifleitung. In: *Materialfluss* 34 (2003), Nr. 4, S. 10–11. – ISSN 0170–334X

[90] N.N.: *Applikations-Systemlösung EMS Elektrohängebahn : Systembeschreibung.* http://www.sew-eurodrive.de/download/pdf/

11473002.pdf, Abruf: 16.02.2011. SEW-EURODRIVE. – Dok.-Nr. 11473002; Ausgabe 12/2006; Archiviert von WebCite unter `http://www.webcitation.org/5eWyMwF8w`

[91] N.N.: Automatisierter Container-Transport. In: *F+H Fördern und Heben* 47 (1997), Nr. 10, S. 744–747. – ISSN 0341–2636

[92] N.N.: Ein Riese in Bremen. In: *LOGISTIK HEUTE* 26 (2004), Nr. 10, S. 30–33. – ISSN 0173–6213

[93] N.N.: Facettenreiche Technik. In: *F+H Fördern und Heben* 57 (2007), Nr. 6, S. 314–315. – ISSN 0341–2636

[94] N.N.: *Kundenansprache, Kooperation mit Kunden : Workshop 25. Juni 1997.* Karlsruhe : ISI, 1998. – Dokumentation / Fraunhofer-Institut Systemtechnik und Innovationsforschung, Hrsg.: RKW e.V.

[95] N.N.: Materialfluss optimieren. In: *F+H Fördern und Heben* 58 (2008), Nr. 3, S. 108–109. – ISSN 0341–2636

[96] N.N.: *MOVIVISION – Parametrierbare Anlagen-Software : Systembeschreibung.* `http://www.sew-eurodrive.de/download/pdf/11677406.pdf`, Abruf: 16.02.2011. SEW-EURODRIVE. – Dok.-Nr. 11677406; Ausgabe 3/2008; Archiviert von WebCite unter `http://www.webcitation.org/5eWx6sDHg`

[97] N.N.: *Parameter- und Diagnosetool MOVIVISION : Handbuch.* `http://www.sew-eurodrive.de/download/pdf/11351004.pdf`, Abruf: 16.02.2011. SEW-EURODRIVE. – Dok.-Nr. 11351004; Ausgabe 7/2005; Version 1.2.0.4; Archiviert von WebCite unter `http://www.webcitation.org/5ezrYBQBo`

[98] N.N.: *Plant Simulation Produktbeschreibung.* `http://www.emplant.de/Plant_Simulation_Produktbeschreibung_UGS_50.pdf`, Abruf: 17.09.2009. UGS. – Archiviert von WebCite unter `http://www.webcitation.org/5eAS3fDPM`

[99] N.N.: *Sample Framework for DirectX 9.0 for Managed Code.* `http://msdn.microsoft.com/en-us/library/bb318701(VS.85).aspx`, Abruf: 16.02.2011. Microsoft. – Archiviert von WebCite unter `http://www.webcitation.org/5gOsNdAtW`

[100] N.N.: *VDI-Richtlinie 2510 : Fahrerlose Transportsysteme (FTS).* Berlin : Beuth, 2005. – 39 S.

[101] N.N.: *VDI-Richtlinie 3633 Blatt 1 Entwurf : Simulation von Logistik,*

Materialfluß- und Produktionssystemen — Grundlagen. Berlin : Beuth, 2000. – 26 S.

[102] N.N.: *VDI-Richtlinie 3633 Blatt 11: Simulation von Logistik, Materialfluss- und Produktionssystemen — Simulation und Visualisierung (Entwurf)*. Berlin : Beuth, 2003. – 18 S.

[103] N.N.: *VDI-Richtlinie 3633 Blatt 6 : Simulation von Logistik-, Materialfluss- und Produktionssystemen — Abbildung des Personals in Simulationsmodellen*. Berlin : Beuth, 2001. – 22 S.

[104] N.N.: *VDI-Richtlinie 3633 Blatt 8: Simulation von Logistik, Materialfluss- und Produktionssystemen — Maschinennahe Simulation*. Berlin : Beuth, 2007. – 91 S.

[105] N.N.: *VDI-Richtlinie 3643 : Elektro-Hängebahn*. Berlin : Beuth, 1998. – 14 S.

[106] N.N.: *VDI-Richtlinie 4440 Blatt 5 Entwurf : Übersichtsblätter Stetigförderer für Stückgut — Hängeförderer*. Berlin : Beuth, 2007. – 17 S.

[107] N.N.: *VDI-Richtlinie 4443 Entwurf : Kontaktlose Energieübertragung für mobile Systeme der Stückgutförderung*. Berlin : Beuth, 2006. – 10 S.

[108] N.N.: *VDI-Richtlinie 4499 Blatt 1 : Digitale Fabrik — Grundlagen*. Berlin : Beuth, 2008. – 51 S.

[109] N.N.: *VDI-Richtlinie 4499 Blatt 1 : Digitale Fabrik — Grundlagen*. Berlin : Beuth, 2008. – Bild 2, Wiedergegeben mit Erlaubnis des Verein Deutscher Ingenieure e. V.

[110] N.N.: When reach exceeds grasp : Simulation helps determine automated systems development. In: *Tooling and Production* 71 (2005), Nr. 9, S. 26–29. – ISSN 0040–9243

[111] Norm DIN 19246 Juni 1991. *Abwicklung von Projekten*

[112] OSTERHOFF, Waldemar: Optimerung von FTS durch eine prozessbegleitende Simulation. In: WITT, Gerd (Hrsg.) u. a.: *Die Vielfalt der Transportlösungen : mit fahrerlosen Transportsystemen ganz sicher prozesssicher ; Tagungsband / 5. Duisburger FTS-Fachtagung*. Duisburg : FTL, 2000. – ISBN 3–930153–44–0, S. 39–46

[113] POLLMANN, Werner (Hrsg.) ; RADAJ, Dieter (Hrsg.): *Simulation der Fügetechniken : Potentiale und Grenzen*. Als Ms. gedr. Düsseldorf :

Verl. für Schweißen und Verwandte Verfahren, DVS-Verl., 2001. – ISBN 3–87155–672–6

[114] PRITSCHOW, Günter ; CROON, Niko: Wege zur virtuellen Werkzeugmaschine. In: *wt Werkstattstechnik online* 92 (2002), Nr. 5, S. 194–199. – ISSN 1436–4980

[115] PRITSCHOW, Günter ; RÖCK, Sascha: Eigenschaften und Anwendungen von Hardware-in-the-Loop-Simulation in der Steuerungstechnik. In: BRECHER, Christian (Hrsg.): *Simulationstechnik in der Produktion*. Düsseldorf : VDI-Verl., 2006 (Fortschritt-Berichte VDI, Reihe 2, Nr. 658). – ISBN 3–18–365802–X, S. 32–43

[116] QUINN, Bob: *Windows sockets network programming*. Reading : Addison-Wesley, 1996. – 637 S. – ISBN 0–201–63372–8

[117] RABE, Markus ; SPIECKERMANN, Sven ; WENZEL, Sigrid: *Verifikation und Validierung für die Simulation in Produktion und Logistik*. Berlin : Springer, 2008. – 237 S. – ISBN 978–3–540–35281–5

[118] RAINFURTH, Claudia: *Der Einfluss der Organisationsgestaltung produktbegleitender Dienstleistungen auf die Arbeitswelt der Dienstleistungsakteure*. 2003. – 218 S. – Darmstadt, Techn. Univ., Diss

[119] RECH, Jörg: *Ethernet : Technologien und Protokolle für die Computervernetzung*. Hannover : Heinz Heise, 2002. – 628 S. – ISBN 3–88229–186–9

[120] REINHART, Gunther ; BAUDISCH, Thomas ; PATRON, Christian: Mit Simulation die Komplexität beherrschen. In: *Industrie Management* 95 (2001), Nr. 3, S. 34–37. – ISSN 1434–1980

[121] REINHART, Gunther ; HENSEL, Thomas ; LINDWORSKY, Alexander ; SPITZWEG, Michael: Teilautomatisierter Aufbau von Simulationsmodellen. In: *wt Werkstattstechnik online* 97 (2007), Nr. 9, S. 663–667. – ISSN 1436–4980

[122] REINHART, Gunther ; SCHACK, Rainer ; MÜLLER, Stefan: Mit Durchhaltevermögen zum Erfolg. In: *WB Werkstatt + Betrieb* 139 (2006), Nr. 9, S. 128–133. – ISSN 0043–2792

[123] REITOR, Georg: *Foerdertechnik : Hebezeuge, Stetigförderer, Lagertechnik*. München : Hanser, 1979. – 713 S. – ISBN 3–446–12233–8

[124] RENGELINK, William ; SAANEN, Yvo A.: Improving the quality of controls and reducing costs for on-site adjustments with emulation: an

example in baggage handling. In: YÜCESAN, Enver (Hrsg.) u. a.: *Proceedings of the 2002 Winter Simulation Conference*. New York : ACM, 2002. – ISBN 0–7803–7614–5, S. 1689–1694

[125] RHÖSE, Felix ; SCHÖLZKE, Volker: Virtuelle Inbetriebnahme. In: *Computer & Automation* (2008), Nr. 9, S. 68–72. – ISSN 1615–8512

[126] RÖSCH, Bernd ; MAYER, Oliver ; HELBIG, Rolf ; KAUFER, B.: Mit 3D-Simulation zur ergonomisch optimierten Montageanlage. In: *wt Werkstattstechnik online* 92 (2002), Nr. 1/2, S. 27–29. – ISSN 1436–4980

[127] SCHEFFLER, Martin: *Grundlagen der Fördertechnik*. Bd. 1: *Elemente und Triebwerke*. Braunschweig : Vieweg, 1994. – 344 S. – ISBN 3–528–06558–3

[128] SCHEFFLER, Martin ; FEYRER, Klaus ; MATTHIAS, Karl: *Fördermaschinen : Hebezeuge, Aufzüge, Flurförderzeuge*. Braunschweig : Vieweg, 1998 (Fördertechnik und Baumaschinen). – 476 S. – ISBN 3–528–06626–1

[129] SCHENK, Michael ; STRASSBURGER, Steffen: Virtual Engineering für die Automobilindustrie. In: *ZWF Zeitschrift für wirtschaftlichen Fabrikbetrieb* 100 (2005), Nr. 9, S. 507–509. – ISSN 0947–0085

[130] SCHENK, Michael ; WIRTH, Siegfried: *Fabrikplanung und Fabrikbetrieb*. Berlin : Springer, 2004. – ISBN 3–540–20423–7

[131] SCHILLER, Emmerich F. ; SEUFERT, Wolf-Peter: Bis 2005 realisiert. In: *Automobil Produktion* (2002), Nr. 2, S. 20–30. – ISSN 0934–0394

[132] SCHLÖGL, Wolfgang ; SCHNEIDERWIND, Kai: Inbetriebnahme ohne Stress. In: *Computer & Automation* (2006), Nr. 11, S. 58–60. – ISSN 1615–8512

[133] SCHMIDT, Ulrich: *Angewandte Simulationstechnik für Produktion und Logistik*. Dortmund : Verl. Praxiswissen, 1997. – 327 S. – ISBN 3–929443–92–9

[134] SCHULTE, Helmut: Dynamische Werksplanung: Datenbankorientierte permanente Planung und Bewirtschaftung der Unternehmensressourcen Grundstück, Gebäude und Betriebsmittel. In: *Deutscher Logistik-Kongreß '89 : Fundament der Zukunft — Logistik* Bd. 2 Bundesvereinigung Logistik e.V., huss, 1989, S. 735–767

[135] SCHULZ, Robert: Wichtiger Baustein der Digitalen Fabrik. In: *Hebezeuge und Fördermittel* 44 (2004), Nr. 5, S. 244–246. – ISSN 0017–9442

[136] SCHULZE, Lothar: Planung und Realisierung von FTS-Anlagen. In: *F+H Fördern und Heben* 58 (2008), Nr. 11, S. 624–627. – ISSN 0341–2636

[137] SCHUMANN, Ulrich: Ohne Fahrer zum Einsatzort. In: *A&D Fabrik 21* 1 (2009), Nr. 1, S. 42–44

[138] SCHWAB, Joachim ; BREITENBACH, Frank: Virtuelle Methoden und Prozesse für das Anlaufmanagement. In: ZÄH, Michael (Hrsg.) ; REINHART, Gunther (Hrsg.): *Virtuelle Produktionssystemplanung : virtuelle Inbetriebnahme und digitale Fabrik.* München : Utz, 2004 (Seminarberichte / iwb, Institut für Werkzeugmaschinen und Betriebswissenschaften ; Bd. 74). – ISBN 3–89675–074–7, S. 2–1 – 2–13

[139] SCHWEIGER, Stefan ; MÜLLER, Martin: Erfolgsfaktoren für das Management industrieller Dienstleistungen in der Investitionsgüterindustrie. In: *Service Today* 19 (2004), Nr. 3, S. 5–10

[140] SELKE, Carsten: *Entwicklung von Methoden zur automatischen Simulationsmodellgenerierung.* München : Utz, 2005 (Forschungsberichte iwb Nr. 193). – 137 S. – ISBN 3–8316–0495–9. – Zugl.: München, Techn. Univ., Diss., 2005

[141] SOSSENHEIMER, Karlheinz: *Entwickeln von Instrumentarien zur rationellen Planung und Steuerung der Inbetriebnahme komplexer Produkte des Werkzeugmaschinenbaus.* Aachen, Techn. Hochsch., Diss., 1989

[142] SPIECKERMANN, Sven: Wie soll ich glauben, was ich nicht sehe - die Rolle der Animation im Simulationsalltag. In: *Modellbildung und Simulation in der Praxis.* Düsseldorf : VDI-Verl., 2007 (VDI-Berichte 1989). – ISBN 978–3–18–091989–3, S. 45–53

[143] STETTER, Rainer: Simulationsansätze und Virtuelle Inbetriebnahme. In: ZÄH, Michael (Hrsg.) ; REINHART, Gunther (Hrsg.): *Virtuelle Inbetriebnahme : Von der Kür zur Pflicht?* München : Utz, 2006 (Seminarberichte / iwb, Institut für Werkzeugmaschinen und Betriebswissenschaften ; Bd. 84). – ISBN 3–89675–084–4, S. 3–1 – 3–13

[144] STEVENS, W. Richard: *TCP-IP.* Bonn : Hüthig, 2004. – 696 S. – ISBN 3–8266–5042–5

[145] THEOHARAKIS, Vasilis ; SERPANOS, Dimitrios N.: *Enterprise networking : multilayer switching and applications.* Hershey : IGI, 2002. – 270 S. – ISBN 1–930708–17–3

[146] TROELSEN, Andrew: *C# und die .NET-Plattform.* Bonn : MITP, 2002.

– 920 S. – ISBN 3–8266–0833–X

[147] UHLMANN, Eckart ; HÜBERT, Christoph: Modellbildung und Simulation innovativer Verfahren der Feinbearbeitung. In: BRECHER, Christian (Hrsg.): *Simulationstechnik in der Produktion*. Düsseldorf : VDI-Verl., 2006 (Fortschritt-Berichte VDI, Reihe 2, Nr. 658). – ISBN 3–18–365802–X, S. 44–57

[148] VERL, Alexander ; FRITSCH, Dennis: Steuerungsentwicklung mit Simulationssoftware. In: *wt Werkstattstechnik online* 98 (2008), Nr. 5, S. 370–376. – ISSN 1436–4980

[149] VERL, Alexander ; FRITSCH, Dennis ; MÜTHERICH, Hendrik: Intelligent verketten durch Simulation. In: *MM Maschinenmarkt* (2008), Nr. 37, S. 48–51. – ISSN 0025–4509, 0341–5775

[150] VERSTEEGT, Corné ; VERBRAECK, Alexander: The extended use of simulation in evaluating real-time control systems of AGVs and automated material handling systems. In: YÜCESAN, E. (Hrsg.) u. a.: *Proceedings of the 2002 Winter Simulation Conference*. New York : ACM, 2002. – ISBN 0–7803–7614–5, S. 1659–1666

[151] WEBER, Klaus H.: *Inbetriebnahme verfahrenstechnischer Anlagen*. 3., vollst. bearb. u. aktualisierte Aufl. Berlin : Springer, 2006. – ISBN 3–540–34316–4

[152] WECK, Manfred ; BRECHER, Christian: *Werkzeugmaschinen 4 : Automatisierung von Maschinen und Anlagen*. Bd. 4. 6., neu bearb. Aufl. Berlin : Springer, 2006. – 502 S. – ISBN 3–540–22507–2, 978–3–540–22507–2

[153] WELLENREUTHER, Günter ; ZASTROW, Dieter: *Automatisieren mit SPS : Theorie und Praxis*. 4. Aufl. Wiesbaden : Vieweg+Teubner, 2008. – 824 S. – ISBN 978–3–8348–0231–6

[154] WENZEL, Sigrid: Die Digitale Fabrik — Ein Konzept für interoperable Modellnutzung. In: *Industrie Management* 2004 (2004), Nr. 3, S. 54–58. – ISSN 1434–1980

[155] WENZEL, Sigrid ; NOCHE, Bernd: Simulationsinstrumente in Produktion und Logistik - eine Marktübersicht. In: MERTINS, Kai (Hrsg.): *The new simulation in production and logistics : prospects, views and attitudes / 9. ASIM-Fachtagung Simulation in Produktion und Logistik*. Berlin : IPK, Eigenverl., 2000. – ISBN 3–8167–5537–2, S. 423–432

[156] WENZEL, Sigrid ; WEISS, Matthias ; COLLISI-BÖHMER, Simone u. a.:

Qualitätskriterien für die Simulation in Produktion und Logistik. Berlin : Springer, 2008. – 220 S. – ISBN 3-540-35272-4

[157] WESTKÄMPER, Engelbert: Die Digitale Fabrik. In: *Neue Organisationsformen im Unternehmen.* 2., neu bearb. u. erw. Aufl. Berlin : Springer, 2003. – ISBN 3-540-67610-4, S. 788-797

[158] WIENDAHL, Hans-Peter ; HEGENSCHEIDT, Matthias ; WINKLER, Helge: Anlaufrobuste Produktionssysteme. In: *wt Werkstattstechnik online* 92 (2002), Nr. 11/12, S. 650-655. – ISSN 1436-4980

[159] WISCHNEWSKI, Roland: *Transportsysteme mit Spurführung in der Virtuellen Produktion.* Düsseldorf : VDI-Verl., 2007 (Fortschritt-Berichte VDI, Reihe 20, Nr. 410). – 167 S. – ISBN 978-3-18-341020-0. – Zugl.: Aachen , Techn. Hochsch., Diss.

[160] WÜNSCH, Georg: Wann lohnt sich eine Virtuelle Inbetriebnahme? In: ZÄH, Michael (Hrsg.) ; REINHART, Gunther (Hrsg.): *Virtuelle Inbetriebnahme : Von der Kür zur Pflicht?* München : Utz, 2006 (Seminarberichte / iwb, Institut für Werkzeugmaschinen und Betriebswissenschaften ; Bd. 84). – ISBN 3-89675-084-4, S. 1-1 – 1-17

[161] WÜNSCH, Georg: Wirtschaftlichkeitbetrachtung zum Thema virtuelle Inbetriebnahme — Wann lohnt es sich? In: *Modellbildung und Simulation in der Praxis.* Düsseldorf : VDI-Verl., 2007 (VDI-Berichte 1989). – ISBN 978-3-18-091989-3, S. 87-97

[162] WÜNSCH, Georg: *Methoden für die virtuelle Inbetriebnahme automatisierter Produktionssysteme.* München : Utz, 2008 (Forschungsberichte iwb Nr. 215). – 194 S. – ISBN 978-3-8316-0795-2. – Zugl.: München, Techn. Univ., Diss., 2007

[163] WÜNSCH, Georg ; ZÄH, Michael F.: Eine neue Methode für die schnelle Inbetriebnahme von Produktionsanlagen. In: MECHATRONIK, Bayerisches K. (Hrsg.): *Tagungsband / Internationales Forum Mechatronik : Augsburg, 15.6. - 16.6.2005*, GKD, 2005. – ISBN 3-937002-03-0, S. 758-775

[164] WRIGHT, Richard S. ; LIPCHAK, Benjamin ; HAEMEL, Nicholas: *OpenGL superbible.* 4. Aufl. Upper Saddle River, NJ : Addison-Wesley, 2007. – 1205 S. – ISBN 978-0-321-49882-3

[165] ZÖBEL, Dieter: *Echtzeitsysteme : Grundlagen der Planung.* 4. Aufl. Berlin : Springer, 2008. – 323 S. – ISBN 978-3-540-76395-6

[166] ZEPPENFELD, Klaus: *Lehrbuch der Grafikprogrammierung.* Heidelberg

: Spektrum Akademischer Verl., 2004. – 469 S. – ISBN 3–8274–1028–2

[167] ZEUGTRÄGER, Karsten: *Anlaufmanagement für Großanlagen.* Düsseldorf : VDI-Verl., 1998 (Fortschritt-Berichte VDI, Reihe 2, Nr. 470). – 166 S. – ISBN 3–18–347002–0. – Zugl.: Hannover, Univ., Diss.

[168] ZÄH, Michael ; EHRENSTRASSER, Michael ; PÖRNBACHER, Clemens ; WÜNSCH, Georg: Virtuelle Maschinenmodelle. In: *MM Maschinenmarkt* (2003), Nr. 27, S. 22–25. – ISSN 0025–4509, 0341–5775

[169] ZÄH, Michael F. ; SPITZWEG, Michael ; LACOUR, Frédéric-Felix: Einsatz eines Physikmodells zur Simulation des Materialflusses einer Produktionsanlage. In: *it – Information Technology* 50 (2008), Nr. 3, S. 192–198. – ISSN 1611–2776

[170] ZÄH, Michael F. ; VOGL, Wolfgang u. a.: Virtuelle Inbetriebnahme im Regelkreis des Fabriklebenszyklus. In: ZÄH, Michael (Hrsg.) ; REINHART, Gunther (Hrsg.): *Virtuelle Produktionssystemplanung : virtuelle Inbetriebnahme und digitale Fabrik.* München : Utz, 2004 (Seminarberichte / iwb, Institut für Werkzeugmaschinen und Betriebswissenschaften ; Bd. 74). – ISBN 3–89675–074–7, S. 1–1 – 1–21

[171] ZÄH, Michael F. ; WÜNSCH, Georg: Schnelle Inbetriebnahme von Produktionssystemen. In: *wt Werkstattstechnik online* 95 (2005), Nr. 9, S. 699–704. – ISSN 1436–4980

[172] ZÄH, Michael F. ; WÜNSCH, Georg ; HENSEL, Thomas ; LINDWORSKY, Alexander: Feldstudie — Virtuelle Inbetriebnahme. In: *wt Werkstattstechnik online* 96 (2006), Nr. 10, S. 767–771. – ISSN 1436–4980

**Bereits veröffentlicht wurden in der Schriftenreihe des
Instituts für Angewandte Informatik / Automatisierungstechnik bei
KIT Scientific Publishing:**

Nr. 1:   BECK, S.: Ein Konzept zur automatischen Lösung von Entscheidungsproblemen bei Unsicherheit mittels der Theorie der unscharfen Mengen und der Evidenztheorie, 2005

Nr. 2:   MARTIN, J.: Ein Beitrag zur Integration von Sensoren in eine anthropomorphe künstliche Hand mit flexiblen Fluidaktoren, 2004

Nr. 3:   TRAICHEL, A.: Neue Verfahren zur Modellierung nichtlinearer thermodynamischer Prozesse in einem Druckbehälter mit siedendem Wasser-Dampf Gemisch bei negativen Drucktransienten, 2005

Nr. 4:   LOOSE, T.: Konzept für eine modellgestützte Diagnostik mittels Data Mining am Beispiel der Bewegungsanalyse, 2004

Nr. 5:   MATTHES, J.: Eine neue Methode zur Quellenlokalisierung auf der Basis räumlich verteilter, punktweiser Konzentrationsmessungen, 2004

Nr. 6:   MIKUT, R.; REISCHL, M.: Proceedings – 14. Workshop Fuzzy-Systeme und Computational Intelligence: Dortmund, 10. - 12. November 2004, 2004

Nr. 7:   ZIPSER, S.: Beitrag zur modellbasierten Regelung von Verbrennungsprozessen, 2004

Nr. 8:   STADLER, A.: Ein Beitrag zur Ableitung regelbasierter Modelle aus Zeitreihen, 2005

Nr. 9:   MIKUT, R.; REISCHL, M.: Proceedings – 15. Workshop Computational Intelligence: Dortmund, 16. - 18. November 2005, 2005

Nr. 10: BÄR, M.: µFEMOS – Mikro-Fertigungstechniken für hybride mikrooptische Sensoren, 2005

Nr. 11: SCHAUDEL, F.: Entropie- und Störungssensitivität als neues Kriterium zum Vergleich verschiedener Entscheidungskalküle, 2006

Nr. 12: SCHABLOWSKI-TRAUTMANN, M.: Konzept zur Analyse der Lokomotion auf dem Laufband bei inkompletter Querschnittlähmung mit Verfahren der nichtlinearen Dynamik, 2006

Nr. 13: REISCHL, M.: Ein Verfahren zum automatischen Entwurf von Mensch-Maschine-Schnittstellen am Beispiel myoelektrischer Handprothesen, 2006

Nr. 14: KOKER, T.: Konzeption und Realisierung einer neuen Prozesskette zur Integration von Kohlenstoff-Nanoröhren über Handhabung in technische Anwendungen, 2007

Nr. 15: MIKUT, R.; REISCHL, M.: Proceedings – 16. Workshop Computational Intelligence: Dortmund, 29. November - 1. Dezember 2006

Nr. 16: LI, S.: Entwicklung eines Verfahrens zur Automatisierung der CAD/CAM-Kette in der Einzelfertigung am Beispiel von Mauerwerksteinen, 2007

Nr. 17: BERGEMANN, M.: Neues mechatronisches System für die Wiederherstellung der Akkommodationsfähigkeit des menschlichen Auges, 2007

Nr. 18: HEINTZ, R.: Neues Verfahren zur invarianten Objekterkennung und -lokalisierung auf der Basis lokaler Merkmale, 2007

Nr. 19: RUCHTER, M.: A New Concept for Mobile Environmental Education, 2007

Nr. 20: MIKUT, R.; REISCHL, M.: Proceedings – 17. Workshop Computational Intelligence: Dortmund, 5. - 7. Dezember 2007

Nr. 21: LEHMANN, A.: Neues Konzept zur Planung, Ausführung und Überwachung von Roboteraufgaben mit hierarchischen Petri-Netzen, 2008

Nr. 22: MIKUT, R.: Data Mining in der Medizin und Medizintechnik, 2008

Nr. 23: KLINK, S.: Neues System zur Erfassung des Akkommodationsbedarfs im menschlichen Auge, 2008

Nr. 24: MIKUT, R.; REISCHL, M.: Proceedings – 18. Workshop Computational Intelligence: Dortmund, 3. - 5. Dezember 2008

Nr. 25: WANG, L.: Virtual environments for grid computing, 2009

Nr. 26: BURMEISTER, O.: Entwicklung von Klassifikatoren zur Analyse und Interpretation zeitvarianter Signale und deren Anwendung auf Biosignale, 2009

Nr. 27: DICKERHOF, M.: Ein neues Konzept für das bedarfsgerechte Informations- und Wissensmanagement in Unternehmenskooperationen der Multimaterial-Mikrosystemtechnik, 2009

Nr. 28: MACK, G.: Eine neue Methodik zur modellbasierten Bestimmung dynamischer Betriebslasten im mechatronischen Fahrwerkentwicklungsprozess, 2009

Nr. 29: HOFFMANN, F.; HÜLLERMEIER, E.: Proceedings – 19. Workshop Computational Intelligence: Dortmund, 2. - 4. Dezember 2009

Nr. 30: GRAUER, M.: Neue Methodik zur Planung globaler Produktionsverbünde unter Berücksichtigung der Einflussgrößen Produktdesign, Prozessgestaltung und Standortentscheidung, 2009

Nr. 31: SCHINDLER, A.: Neue Konzeption und erstmalige Realisierung eines aktiven Fahrwerks mit Preview-Strategie, 2009

Nr. 32: BLUME, C.; JAKOB, W.: GLEAN. General Learning Evolutionary Algorithm and Method: Ein Evolutionärer Algorithmus und seine Anwendungen, 2009

Nr. 33: HOFFMANN, F.; HÜLLERMEIER, E.: Proceedings – 20. Workshop Computational Intelligence: Dortmund, 1. - 3. Dezember 2010

Nr. 34: WERLING, M.: Ein neues Konzept für die Trajektoriengenerierung und -stabilisierung in zeitkritischen Verkehrsszenarien, 2011

Nr. 35: KÖVARI, L.: Konzeption und Realisierung eines neuen Systems zur produktbegleitenden virtuellen Inbetriebnahme komplexer Förderanlagen, 2011

Die Schriften sind als PDF frei verfügbar, eine Nachbestellung der Printversion ist möglich. Nähere Informationen unter www.ksp.kit.edu.